环境样品中多氯联苯的分析

[美] 解天民　著

中国环境出版社・北京

图书在版编目（CIP）数据

环境样品中多氯联苯的分析/（美）解天民著. —北京：中国环境出版社，2013.2
ISBN 978-7-5111-1287-3

Ⅰ. ①环… Ⅱ. ①解… Ⅲ. ①二氯联苯胺—环境污染—污染物分析 Ⅳ. ①0625.63②X132

中国版本图书馆 CIP 数据核字（2013）第 010167 号

出 版 人 王新程
责任编辑 李卫民
责任校对 唐丽虹
封面设计 宋 瑞

出版发行 中国环境出版社
（100062 北京市东城区广渠门内大街 16 号）
网 址：http://www.cesp.com.cn
电子邮箱：bjgl@cesp.com.cn
联系电话：010-67112765（编辑管理部）
010-67112735（环评与监察图书出版中心）
发行热线：010-67125803，010-67113405（传真）
印 刷 北京市联华印刷厂
经 销 各地新华书店
版 次 2013 年 2 月第 1 版
印 次 2013 年 2 月第 1 次印刷
开 本 787×960 1/16
印 张 7.75
字 数 150 千字
定 价 20.00 元

序

作为2001年被联合国环境规划署《斯德哥尔摩公约》列入第一批被禁止使用的持久性有机污染物，多氯联苯（polychlorinated biphenyl，PCB）一直是环境化学分析中的重要内容。由于其特殊的化学结构、物化性质及环境影响，多氯联苯的分析涉及：多氯联苯产品混合物（Aroclor）、多氯联苯单体（congener）、多氯联苯共面体（coplanar）及多氯联苯同氯异构体（homologue）。目前国内环境监测站除少数进行多氯联苯单体分析外大多数只进行多氯联苯混合物分析，而共面体及同氯异构体的分析通常被视为较高难度的分析项目，只在高校及研究单位的专门实验室进行。相对于较广泛存在的多氯联苯污染状况，目前这种分析能力显然不能满足现实的需要。应当指出，这种分析能力的不足并非如一般人想象的是由于仪器的落后而引起，而是由于分析人员对于多氯联苯分析的了解不足。事实上目前大多数环境监测实验室都已配置了装有电子捕获器的毛细管柱气相色谱（GC/ECD）及气相色谱质谱联机（GC/MS），它们都应当有能力进行多氯联苯的全面分析，包括混合物、单体、共面体及同氯异构体。尽管由普通的GC/ECD或GC/MS所获得的数据无论是灵敏度还是准确度都无法与气相色谱高分辨率质谱联机（GC/HMS）相比，但它们却能满足几乎所有项目的需求。事实上在多氯联苯的日常监测工作中很少用到高分辨率质谱。因此提高多氯联苯的分析监测能力关键是提高分析人员的技术水平。在与国内环境监测的同人交流时，有人提出希望作者根据自己的经验向环境监测工作人员全面介绍一下可在普通环境分析实验室执行的有关多氯联苯分析的方法，这将有益于提高分析人员在这方面的技术水平。于是，这便成了作者编写这本小册子的初衷。也因此，本书所介绍的环境样品中的多氯联苯分析方法仅限于配备GC/ECD及GC/MS的常规实验室。

同其他环境有机污染物的监测一样，环境样品中多氯联苯的分析关键是样品制备，其中包括萃取及净化。其实质是将微量甚至痕量的多氯联苯从样品中提取出来，并在进入仪器分析前经净化去除干扰物和进一步浓缩，以获得高的检出灵敏度及准确度。目前行业中流行着各种样品前处理方法，例如固体样品萃取除经典的索氏提取方法外，还涌现了一些新的方法，如加速溶剂萃取、微波萃取、超临界流体萃取、快速索氏萃取和热解析等。本书中作者将主要介绍美国EPA（美国环保局）标准中运用得较广的，并且易于在国内一般实验室执行的一些方法。对于文献中报道的虽不是标准方法，但简便易行的，例如超声波水浴萃取，也做适当介绍，供读者参考。

在介绍样品制备时，为方便读者掌握，作者以样品的基质归类进行讲述。文中对于首次出现的技术做较详细的叙述，再次运用该技术时则简要带过。另外本书对于直接采用标准方法的技术叙述得比较简略，对于非标准方法中的内容则叙述得较为详细以方便读者使用。此外，多氯联苯各分析项目除共面体分析外，前处理都是相同的，而共面体分析是在单体分析的基础上进行的，即在单体分析完成后再将其萃取液进一步处理以做共面体分析。为方便读者阅读，共面体分析的最终一步前处理，即共面体与非共面体的分离被安排在共面体分析部分。

环境样品中 PCB 的分析，尤其是共面体及同氯异构体的分析，虽属于难度较高的环境监测项目，但一般能进行半挥发性有机污染物（semi-volatile organic compound，SVOC）及残余有机氯农药分析的实验室原则上都具备这方面的分析技术基础。分析人员只需适当扩充一些有关知识，并根据需要对实验室做适当改进就完全能胜任 PCB 的分析项目。本书的目的就是为具有 SVOC 及有机氯农药分析基础的分析人员提供一个简单明了、易读、易懂的实用指南，使他们能够在短时间内建立起自己实验室的 PCB 分析能力。

本书所介绍的分析方法，除超声波水浴萃取外，是作者实验室所执行的、在美国 EPA 标准或文献报道的方法基础上建立的方法，数据均出自作者实验室。这些操作程序并非完美，读者在建立自己的分析操作程序时不必生搬硬套，而应以之为参考，根据自己实验室具体的仪器、技术条件及工作习惯，因地制宜地建立起自己的分析操作程序及质控标准，当然这些质控标准首先要满足权威机构的有关规定。

多氯联苯的分析与近些年引起关注的环境污染物多氯萘、多溴二苯醚等非常相似，本书内容对于建立多氯萘同氯异构体或多溴二苯醚同溴异构体的分析方法也有参考价值。

由于本书的读者对象主要是有半挥发性有机物及有机氯农药分析经验的从业人员或科研人员，作者强调实际操作，而略去了一些基础知识，如仪器原理、检出限定义等，读者若有兴趣可参阅作者的其他有关作品。同时，作者曾在其他作品中部分介绍过有关多氯联苯混合物和单体的分析以及有关的样品前处理。考虑到内容的系统性及全面性，并为方便读者阅读，本书保留了这部分内容，并对这些内容做了更深入、细致的讲述。

在构思编写本书的过程中，中国环境出版社给予了作者很大鼓励，在此表示衷心感谢。

解天民

2013 年 2 月 3 日

目　录

第一章　绪　论

多氯联苯（polychlorinated biphenyl，PCB）是重要的环境污染物。它毒性强，能危害人体的肝脏、神经系统、免疫系统及生殖系统，并具有致癌作用。它十分稳定，在环境中不易降解，而且亲脂性强，能通过食物链富集，2001 年被联合国环境规划署《斯德哥尔摩公约》列入第一批被禁止使用的持久性有机污染物[1]。

多氯联苯曾是重要的化学工业产品。它的化学惰性强，不易与其他物质发生氧化、还原、加成或取代反应；它的热容量高，介电常数高，导热性好，又有良好的阻燃性能及绝缘性能，它在水中的溶解度很低，室温下蒸气压低。这些优秀的化学及物理性能使其曾经被广泛用于工业及生活的各个领域。例如作为变压器及电容器的冷却剂及绝缘剂、电介质；直接用做润滑油、液压油、防湿密封材料；塑料、油漆及黏合剂中的增塑剂；建材及机器润滑油中用于阻燃的添加剂、稳定剂等。多氯联苯的广泛运用导致它在全球环境中的广泛传播，在全世界任何一个国家和地区都能发现多氯联苯的踪影。人类生产多氯联苯始于 20 世纪 20 年代，虽然早在 1937 年人们就在工业事故中发现了多氯联苯及其他氯代烃类化合物的毒性，但直到 70 年代多氯联苯的生产及使用才受到限制。1968 年日本因 280 kg 多氯联苯泄漏而遭污染的米糠油致使 40 万家禽死亡及 14 000 名居民中毒[2]，10 年后在中国台湾又发生了相同的中毒事件。这两起中毒事件引起了全世界对多氯联苯环境危害的强烈关注，并进而导致了后来对多氯联苯的禁用。然而多氯联苯长期的广泛运用及不妥当的弃置，造成了其在世界范围内对环境的严重污染。由于多氯联苯在环境中极难降解，虽经 40 多年的限制及清理，目前历史遗留的多氯联苯污染仍十分严重，那些遗留的污染地区变成了新的污染源。例如在美国，虽然早已禁止生产及使用多氯联苯，而且过去 30 多年来政府不断投入大量资金调查研究多氯联苯的污染状况，并对重点污染区域进行治理、修复，但迄今多氯联苯污染调查和整治的任务仍十分艰巨。笔者工作过的实验室就曾分析过许多 PCB 污染的样品，其中有因 PCB 中毒而亡的鸟类样品，并由之溯源至作为其食物的受 PCB 污染的蚯蚓及相关的被 PCB 污染的土壤；还有多种受 PCB 污染的鱼类，及其洄游区域受 PCB 污染的底泥；还分析过因食用被污染的鱼类而被污染的海狮样品，其脂肪中积累的 PCB 高达 mg/kg 级。可以说 PCB 分析始终是环境监测中的重要项目。

多氯联苯分子中可含 1～10 个氯原子，共 10 种同氯异构体，按氯原子的数目及位置不同共有 209 种单体，但在多氯联苯工业产品中仅发现 130 种单体。工业产品的 PCB 是通过联苯氯化制得的，所得到的是混合物，根据氯化程度不同分类。各个国家的多氯联苯产品有不同的名称。美国 Monsanto 化学公司是多氯联苯最大的产家，故其产品名称用得最广。Monsanto 的多氯联苯产品称为 Aroclor，最常见的有 7 种，是按其氯化程度的不同区分的，其名称是在 Aroclor 后加上四个数字，即：Aroclor 1016，Aroclor 1221，Aroclor 1232，Aroclor 1242，Aroclor 1248，Aroclor 1254 及 Aroclor 1260，每种 Aroclor 均由许多单体组成。除 Aroclor 1016 外，各品种的前两位数均是 12，代表分子中的碳原子个数，而后两位数则代表氯在混合物中的质量分数。例如 Aroclor 1260 表明混合物中各分子有 12 个碳原子，而氯的含量占总量的 60%。然而 Aroclor 1016 的命名与其他不同，它的每个分子也有 12 个碳原子，而氯的含量占混合物总量的 42%。表 1-1 是各多氯联苯商品混合物中所含同氯异构体的比率。

表 1-1 常见多氯联苯商品混合物中所含同氯异构体的比率[3]

同氯异构体	多氯联苯商品混合物				
	Aroclor 1016/%	Aroclor 1242/%	Aroclor 1248/%	Aroclor 1254/%	Aroclor 1260/%
一氯联苯	0.7	0.8	0	0	0
二氯联苯	17.5	15.0	0.4	0.2	0.1
三氯联苯	54.7	44.9	22.0	1.3	0.2
四氯联苯	26.6	32.6	56.6	16.4	0.5
五氯联苯	0.5	6.4	18.6	53.0	8.6
六氯联苯	0	0.3	2.0	26.8	43.4
七氯联苯	0	0	0.6	2.7	38.5
八氯联苯	0	0	0	0	8.3
九氯联苯	0	0	0	0	0.7
十氯联苯	0	0	0	0	0

由于各单体的化学稳定性，多氯联苯产品的组成结构能长期保持不变。例如用于电器产品的 Aroclor 1254 及 Aroclor 1260 混合物在美国虽然主要运用于 1950 年之前，但 1960 年后在废弃变压器油中及一些 Aroclor 1254 及 Aroclor 1260 的污染点的土壤及底泥样品中仍可被清晰检出。然而各种 Aroclor 都是由数十种单体组成的，各种单体随着氯原子在分子中数量及位置的不同其挥发性、亲脂性及化学稳定性也不同。以量度化合物亲脂性的 log P 值（化合物在正八碳醇-水系中的分配系数的对数）为例，多氯联苯单体的

log P 值在 5～8 ①，彼此间相差仍是较大的（表 1-2）。在环境体系中，若 Aroclor 长时间参与了液相及气相，或亲油相及亲水相间的分配平衡，经历了在生物、光、化学物质等因素作用下的化学变化，则它所包含的各单体在挥发性、亲脂性及化学稳定性上的差别就会显现出来。这种风化的过程使得 Aroclor 产品中单体组分的比例失去原来的特征而难以鉴别，尤其是生物体中经过食物链富集的多氯联苯，很难再通过色谱指纹进行 Aroclor 产品分析，在这种情况下判断 PCB 的污染情况必须通过分析单体或同氯异构体进行。

表 1-2 多氯联苯同氯异构体（Homolog）

PCB 同氯异构体	CAS 登记号	分子中氯原子数	log P[8, 9]	所含单体个数
联苯 Biphenyl	92-52-4	0	4.3	1
一氯联苯 Monochlorobiphenyl	27323-18-8	1	4.7	3
二氯联苯 Dichlorobiphenyl	25512-42-9	2	5.1	12
三氯联苯 Trichlorobiphenyl	25323-68-6	3	5.5	24
四氯联苯 Tetrachlorobiphenyl	26914-33-0	4	5.9	42
五氯联苯 Pentachlorobiphenyl	25429-29-2	5	6.3	46
六氯联苯 Hexachlorobiphenyl	26601-64-9	6	6.7	42
七氯联苯 Heptachlorobiphenyl	28655-71-2	7	7.1	24
八氯联苯 Octachlorobiphenyl	55722-26-4	8	7.5	12
九氯联苯 Nonachlorobiphenyl	53742-07-7	9	7.9	3
十氯联苯 Decachlorobiphenyl	2051-24-3	10	8.3	1

表 1-3 列出了多氯联苯可能有的 209 种单体。这些单体按其分子形状又分为共面体（coplanar）与非共面体（non-coplanar）两类。当相连的两个苯环在邻位上不含或只含一个氯原子时，两个苯环在分子结构中处于同一平面，而形成共面体。图 1-1（1）和图 1-1（2）分别为非共面体及共面体多氯联苯的结构示意图。多氯联苯的单体中有 68 个可形成共面体。共面体多氯联苯的结构类似多氯二噁英类化合物[图 1-1（3）]，其生理毒性远远强于非共面体多氯联苯。尤其是其中 12 个共面体（表 1-3 中阴影部分），它们含有 4 个或 4 个以上的氯原子，而且联苯分子的两个对位均为氯原子，同时分子中 4 个间位被两个或两个以上的氯原子所占据，这些多氯联苯共面体的毒性可类比于多氯二噁英类化合物，它们也被称为二噁英类多氯联苯，由于结构的特殊，它们的化学稳定

① 表 1-2 中数据是 4.7～8.3，这只是某实验室的测出结果，不同实验室的数据差别 0.1～0.2 是正常的，故此处只把范围定义在一位有效数字内，即 5～8。

性更强，在环境中更难降解，因而受到特别的关注。表 1-4（a），（b）列出了这 12 个二噁英类多氯联苯单体与部分二噁英类化合物的毒性当量信息。显然了解环境样品中多氯联苯共面体的含量对于准确评价多氯联苯污染状况，从而对污染区域采取最有效的应对措拖是很重要的。

2,3,7,8-TCDD

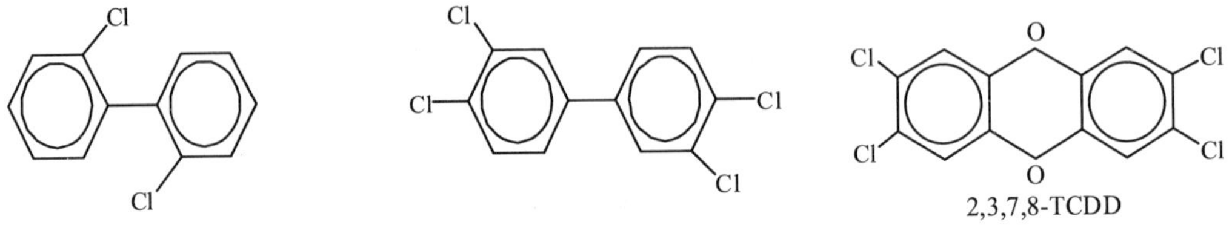

（1）非共面体多氯联苯　（2）共面体多氯联苯　（3）多氯二噁英

图 1-1　多氯联苯及多氯二噁英结构示意图

表 1-3　多氯联苯可能有的 209 种单体①

化学名称	单体代号	CAS 登记号	结构特征②
Biphenyl	PCB0	92-52-4	—
2-Chlorobiphenyl	PCB1	2051-60-7	CP1
3-Chlorobiphenyl	PCB2	2051-61-8	CP0
4-Chlorobiphenyl	PCB3	2051-62-9	CP0
2,2′-Dichlorobiphenyl	PCB4	13029-08-8	—
2,3-Dichlorobiphenyl	PCB5	16605-91-7	CP1
2,3′-Dichlorobiphenyl	PCB6	25569-80-6	CP1
2,4-Dichlorobiphenyl	PCB7	33284-50-3	CP1
2,4′-Dichlorobiphenyl	PCB8	34883-43-7	CP1
2,5-Dichlorobiphenyl	PCB9	34883-39-1	CP1
2,6-Dichlorobiphenyl	PCB10	33146-45-1	—
3,3′-Dichlorobiphenyl	PCB11	2050-67-1	CP0，2M
3,4-Dichlorobiphenyl	PCB12	2974-92-7	CP0
3,4′-Dichlorobiphenyl	PCB13	2974-90-5	CP0
3,5-Dichlorobiphenyl	PCB14	34883-41-5	CP0，2M
4,4′-Dichlorobiphenyl	PCB15	2050-68-2	CP0，PP
2,2′,3-Trichlorobiphenyl	PCB16	38444-78-9	—
2,2′,4-Trichlorobiphenyl	PCB17	37680-66-3	—
2,2′,5-Trichlorobiphenyl	PCB18	37680-65-2	—
2,2′,6-Trichlorobiphenyl	PCB19	38444-73-4	—
2,3,3′-Trichlorobiphenyl	PCB20	38444-84-7	CP1，2M

化学名称	单体代号	CAS 登记号	结构特征[②]
2,3,4-Trichlorobiphenyl	PCB21	55702-46-0	CP1
2,3,4′-Trichlorobiphenyl	PCB22	38444-85-8	CP1
2,3,5-Trichlorobiphenyl	PCB23	55720-44-0	CP1，2M
2,3,6-Trichlorobiphenyl	PCB24	55702-45-9	—
2,3′,4-Trichlorobiphenyl	PCB25	55712-37-3	CP1
2,3′,5-Trichlorobiphenyl	PCB26	38444-81-4	CP1，2M
2,3′,6-Trichlorobiphenyl	PCB27	38444-76-7	—
2,4,4′-Trichlorobiphenyl	PCB28	7012-37-5	CP1，PP
2,4,5-Trichlorobiphenyl	PCB29	15862-07-4	CP1
2,4,6-Trichlorobiphenyl	PCB30	35693-92-6	—
2,4′,5-Trichlorobiphenyl	PCB31	16606-02-3	CP1
2,4′,6-Trichlorobiphenyl	PCB32	38444-77-8	—
2,3′,4′-Trichlorobiphenyl	PCB33	38444-86-9	CP1
2,3′,5′-Trichlorobiphenyl	PCB34	37680-68-5	CP1，2M
3,3′,4-Trichlorobiphenyl	PCB35	37680-69-6	CP0，2M
3,3′,5-Trichlorobiphenyl	PCB36	38444-87-0	CP0，2M
3,4,4′-Trichlorobiphenyl	PCB37	38444-90-5	CP0，PP
3,4,5-Trichlorobiphenyl	PCB38	53555-66-1	CP0，2M
3,4′,5-Trichlorobiphenyl	PCB39	38444-88-1	CP0，2M
2,2′,3,3′-Tetrachlorobiphenyl	PCB40	38444-93-8	4CL，2M
2,2′,3,4-Tetrachlorobiphenyl	PCB41	52663-59-9	4CL
2,2′,3,4′-Tetrachlorobiphenyl	PCB42	36559-22-5	4CL
2,2′,3,5-Tetrachlorobiphenyl	PCB43	70362-46-8	4CL，2M
2,2′,3,5′-Tetrachlorobiphenyl	PCB44	41464-39-5	4CL，2M
2,2′,3,6-Tetrachlorobiphenyl	PCB45	70362-45-7	4CL
2,2′,3,6′-Tetrachlorobiphenyl	PCB46	41464-47-5	4CL
2,2′,4,4′-Tetrachlorobiphenyl	PCB47	2437-79-8	4CL，PP
2,2′,4,5-Tetrachlorobiphenyl	PCB48	70362-47-9	4CL
2,2′,4,5′-Tetrachlorobiphenyl	PCB49	41464-40-8	4CL
2,2′,4,6-Tetrachlorobiphenyl	PCB50	62796-65-0	4CL
2,2′,4,6′-Tetrachlorobiphenyl	PCB51	68194-04-7	4CL
2,2′,5,5′-Tetrachlorobiphenyl	PCB52	35693-99-3	4CL，2M
2,2′,5,6′-Tetrachlorobiphenyl	PCB53	41464-41-9	4CL
2,2′,6,6′-Tetrachlorobiphenyl	PCB54	15968-05-5	4CL
2,3,3′,4-Tetrachlorobiphenyl	PCB55	74338-24-2	CP1，4CL，2M
2,3,3′,4′-Tetrachlorobiphenyl	PCB56	41464-43-1	CP1，4CL，2M

化学名称	单体代号	CAS 登记号	结构特征[②]
2,3,3′,5-Tetrachlorobiphenyl	PCB57	70424-67-8	CP1，4CL，2M
2,3,3′,5′-Tetrachlorobiphenyl	PCB58	41464-49-7	CP1，4CL，2M
2,3,3′,6-Tetrachlorobiphenyl	PCB59	74472-33-6	4CL，2M
2,3,4,4′-Tetrachlorobiphenyl	PCB60	33025-41-1	CP1，4CL，PP
2,3,4,5-Tetrachlorobiphenyl	PCB61	33284-53-6	CP1，4CL，2M
2,3,4,6-Tetrachlorobiphenyl	PCB62	54230-22-7	4CL
2,3,4′,5-Tetrachlorobiphenyl	PCB63	74472-34-7	CP1，4CL，2M
2,3,4′,6-Tetrachlorobiphenyl	PCB64	52663-58-8	4CL
2,3,5,6-Tetrachlorobiphenyl	PCB65	33284-54-7	4CL，2M
2,3′,4,4′-Tetrachlorobiphenyl	PCB66	32598-10-0	CP1，4CL，PP
2,3′,4,5-Tetrachlorobiphenyl	PCB67	73575-53-8	CP1，4CL，2M
2,3′,4,5′-Tetrachlorobiphenyl	PCB68	73575-52-7	CP1，4CL，2M
2,3′,4,6-Tetrachlorobiphenyl	PCB69	60233-24-1	4CL
2,3′,4′,5-Tetrachlorobiphenyl	PCB70	32598-11-1	CP1，4CL，2M
2,3′,4′,6-Tetrachlorobiphenyl	PCB71	41464-46-4	4CL
2,3′,5,5′-Tetrachlorobiphenyl	PCB72	41464-42-0	CP1，4CL，2M
2,3′,5′,6-Tetrachlorobiphenyl	PCB73	74338-23-1	4CL，2M
2,4,4′,5-Tetrachlorobiphenyl	PCB74	32690-93-0	CP1，4CL，PP
2,4,4′,6-Tetrachlorobiphenyl	PCB75	32598-12-2	4CL，PP
2,3′,4′,5′-Tetrachlorobiphenyl	PCB76	70362-48-0	CP1，4CL，2M
3,3′,4,4′-Tetrachlorobiphenyl	PCB77	32598-13-3	CP0，4CL，PP，2M
3,3′,4,5-Tetrachlorobiphenyl	PCB78	70362-49-1	CP0，4CL，2M
3,3′,4,5′-Tetrachlorobiphenyl	PCB79	41464-48-6	CP0，4CL，2M
3,3′,5,5′-Tetrachlorobiphenyl	PCB80	33284-52-5	CP0，4CL，2M
3,4,4′,5-Tetrachlorobiphenyl	PCB81	70362-50-4	CP0，4CL，PP，2M
2,2′,3,3′,4-Pentachlorobiphenyl	PCB82	52663-62-4	4CL，2M
2,2′,3,3′,5-Pentachlorobiphenyl	PCB83	60145-20-2	4CL，2M
2,2′,3,3′,6-Pentachlorobiphenyl	PCB84	52663-60-2	4CL，2M
2,2′,3,4,4′-Pentachlorobiphenyl	PCB85	65510-45-4	4CL，PP
2,2′,3,4,5-Pentachlorobiphenyl	PCB86	55312-69-1	4CL，2M
2,2′,3,4,5′-Pentachlorobiphenyl	PCB87	38380-02-8	4CL，2M
2,2′,3,4,6-Pentachlorobiphenyl	PCB88	55215-17-3	4CL
2,2′,3,4,6′-Pentachlorobiphenyl	PCB89	73575-57-2	4CL
2,2′,3,4′,5-Pentachlorobiphenyl	PCB90	68194-07-0	4CL，2M
2,2′,3,4′,6-Pentachlorobiphenyl	PCB91	68194-05-8	4CL
2,2′,3,5,5′-Pentachlorobiphenyl	PCB92	52663-61-3	4CL，2M

化学名称	单体代号	CAS 登记号	结构特征[②]
2,2′,3,5,6-Pentachlorobiphenyl	PCB93	73575-56-1	4CL，2M
2,2′,3,5,6′-Pentachlorobiphenyl	PCB94	73575-55-0	4CL，2M
2,2′,3,5′,6-Pentachlorobiphenyl	PCB95	38379-99-6	4CL，2M
2,2′,3,6,6′-Pentachlorobiphenyl	PCB96	73575-54-9	4CL
2,2′,3,4′,5′-Pentachlorobiphenyl	PCB97	41464-51-1	4CL，2M
2,2′,3,4′,6′-Pentachlorobiphenyl	PCB98	60233-25-2	4CL
2,2′,4,4′,5-Pentachlorobiphenyl	PCB99	38380-01-7	4CL，PP
2,2′,4,4′,6-Pentachlorobiphenyl	PCB100	39485-83-1	4CL，PP
2,2′,4,5,5′-Pentachlorobiphenyl	PCB101	37680-73-2	4CL，2M
2,2′,4,5,6′-Pentachlorobiphenyl	PCB102	68194-06-9	4CL
2,2′,4,5′,6-Pentachlorobiphenyl	PCB103	60145-21-3	4CL
2,2′,4,6,6′-Pentachlorobiphenyl	PCB104	56558-16-8	4CL
2,3,3′,4,4′-Pentachlorobiphenyl	PCB105	32598-14-4	CP1，4CL，PP，2M
2,3,3′,4,5-Pentachlorobiphenyl	PCB106	70424-69-0	CP1，4CL，2M
2,3,3′,4′,5-Pentachlorobiphenyl	PCB107	70424-68-9	CP1，4CL，2M
2,3,3′,4,5′-Pentachlorobiphenyl	PCB108	70362-41-3	CP1，4CL，2M
2,3,3′,4,6-Pentachlorobiphenyl	PCB109	74472-35-8	4CL，2M
2,3,3′,4′,6-Pentachlorobiphenyl	PCB110	38380-03-9	4CL，2M
2,3,3′,5,5′-Pentachlorobiphenyl	PCB111	39635-32-0	CP1，4CL，2M
2,3,3′,5,6-Pentachlorobiphenyl	PCB112	74472-36-9	4CL，2M
2,3,3′,5′,6-Pentachlorobiphenyl	PCB113	68194-10-5	4CL，2M
2,3,4,4′,5-Pentachlorobiphenyl	PCB114	74472-37-0	CP1，4CL，PP，2M
2,3,4,4′,6-Pentachlorobiphenyl	PCB115	74472-38-1	4CL，PP
2,3,4,5,6-Pentachlorobiphenyl	PCB116	18259-05-7	4CL，2M
2,3,4′,5,6-Pentachlorobiphenyl	PCB117	68194-11-6	4CL，2M
2,3′,4,4′,5-Pentachlorobiphenyl	PCB118	31508-00-6	CP1，4CL，PP，2M
2,3′,4,4′,6-Pentachlorobiphenyl	PCB119	56558-17-9	4CL，PP
2,3′,4,5,5′-Pentachlorobiphenyl	PCB120	68194-12-7	CP1，4CL，2M
2,3′,4,5′,6-Pentachlorobiphenyl	PCB121	56558-18-0	4CL，2M
2,3,3′,4′,5′-Pentachlorobiphenyl	PCB122	76842-07-4	CP1，4CL，2M
2,3′,4,4′,5′-Pentachlorobiphenyl	PCB123	65510-44-3	CP1，4CL，PP，2M
2,3′,4′,5,5′-Pentachlorobiphenyl	PCB124	70424-70-3	CP1，4CL，2M
2,3′,4′,5′,6-Pentachlorobiphenyl	PCB125	74472-39-2	4CL，2M
3,3′,4,4′,5-Pentachlorobiphenyl	PCB126	57465-28-8	CP0，4CL，PP，2M
3,3′,4,5,5′-Pentachlorobiphenyl	PCB127	39635-33-1	CP0，4CL，2M
2,2′,3,3′,4,4′-Hexachlorobiphenyl	PCB128	38380-07-3	4CL，PP，2M

化学名称	单体代号	CAS 登记号	结构特征[②]
2,2′,3,3′,4,5-Hexachlorobiphenyl	PCB129	55215-18-4	4CL，2M
2,2′,3,3′,4,5′-Hexachlorobiphenyl	PCB130	52663-66-8	4CL，2M
2,2′,3,3′,4,6-Hexachlorobiphenyl	PCB131	61798-70-7	4CL，2M
2,2′,3,3′,4,6′-Hexachlorobiphenyl	PCB132	38380-05-1	4CL，2M
2,2′,3,3′,5,5′-Hexachlorobiphenyl	PCB133	35694-04-3	4CL，2M
2,2′,3,3′,5,6-Hexachlorobiphenyl	PCB134	52704-70-8	4CL，2M
2,2′,3,3′,5,6′-Hexachlorobiphenyl	PCB135	52744-13-5	4CL，2M
2,2′,3,3′,6,6′-Hexachlorobiphenyl	PCB136	38411-22-2	4CL，2M
2,2′,3,4,4′,5-Hexachlorobiphenyl	PCB137	35694-06-5	4CL，PP，2M
2,2′,3,4,4′,5′-Hexachlorobiphenyl	PCB138	35065-28-2	4CL，PP，2M
2,2′,3,4,4′,6-Hexachlorobiphenyl	PCB139	56030-56-9	4CL，PP
2,2′,3,4,4′,6′-Hexachlorobiphenyl	PCB140	59291-64-4	4CL，PP
2,2′,3,4,5,5′-Hexachlorobiphenyl	PCB141	52712-04-6	4CL，2M
2,2′,3,4,5,6-Hexachlorobiphenyl	PCB142	41411-61-4	4CL，2M
2,2′,3,4,5,6′-Hexachlorobiphenyl	PCB143	68194-15-0	4CL，2M
2,2′,3,4,5′,6-Hexachlorobiphenyl	PCB144	68194-14-9	4CL，2M
2,2′,3,4,6,6′-Hexachlorobiphenyl	PCB145	74472-40-5	4CL
2,2′,3,4′,5,5′-Hexachlorobiphenyl	PCB146	51908-16-8	4CL，2M
2,2′,3,4′,5,6-Hexachlorobiphenyl	PCB147	68194-13-8	4CL，2M
2,2′,3,4′,5,6′-Hexachlorobiphenyl	PCB148	74472-41-6	4CL，2M
2,2′,3,4′,5′,6-Hexachlorobiphenyl	PCB149	38380-04-0	4CL，2M
2,2′,3,4′,6,6′-Hexachlorobiphenyl	PCB150	68194-08-1	4CL
2,2′,3,5,5′,6-Hexachlorobiphenyl	PCB151	52663-63-5	4CL，2M
2,2′,3,5,6,6′-Hexachlorobiphenyl	PCB152	68194-09-2	4CL，2M
2,2′,4,4′,5,5′-Hexachlorobiphenyl	PCB153	35065-27-1	4CL，PP，2M
2,2′,4,4′,5,6′-Hexachlorobiphenyl	PCB154	60145-22-4	4CL，PP
2,2′,4,4′,6,6′-Hexachlorobiphenyl	PCB155	33979-03-2	4CL，PP
2,3,3′,4,4′,5-Hexachlorobiphenyl	PCB156	38380-08-4	CP1，4CL，PP，2M
2,3,3′,4,4′,5′-Hexachlorobiphenyl	PCB157	69782-90-7	CP1，4CL，PP，2M
2,3,3′,4,4′,6-Hexachlorobiphenyl	PCB158	74472-42-7	4CL，PP，2M
2,3,3′,4,5,5′-Hexachlorobiphenyl	PCB159	39635-35-3	CP1，4CL，2M
2,3,3′,4,5,6-Hexachlorobiphenyl	PCB160	41411-62-5	4CL，2M
2,3,3′,4,5′,6-Hexachlorobiphenyl	PCB161	74472-43-8	4CL，2M
2,3,3′,4′,5,5′-Hexachlorobiphenyl	PCB162	39635-34-2	CP1，4CL，2M
2,3,3′,4′,5,6-Hexachlorobiphenyl	PCB163	74472-44-9	4CL，2M
2,3,3′,4′,5′,6-Hexachlorobiphenyl	PCB164	74472-45-0	4CL，2M

化学名称	单体代号	CAS 登记号	结构特征[②]
2,3,3′,5,5′,6-Hexachlorobiphenyl	PCB165	74472-46-1	4CL，2M
2,3,4,4′,5,6-Hexachlorobiphenyl	PCB166	41411-63-6	4CL，PP，2M
2,3′,4,4′,5,5′-Hexachlorobiphenyl	PCB167	52663-72-6	CP1，4CL，PP，2M
2,3′,4,4′,5′,6-Hexachlorobiphenyl	PCB168	59291-65-5	4CL，PP，2M
3,3′,4,4′,5,5′-Hexachlorobiphenyl	PCB169	32774-16-6	CP0，4CL，PP，2M
2,2′,3,3′,4,4′,5-Heptachlorobiphenyl	PCB170	35065-30-6	4CL，PP，2M
2,2′,3,3′,4,4′,6-Heptachlorobiphenyl	PCB171	52663-71-5	4CL，PP，2M
2,2′,3,3′,4,5,5′-Heptachlorobiphenyl	PCB172	52663-74-8	4CL，2M
2,2′,3,3′,4,5,6-Heptachlorobiphenyl	PCB173	68194-16-1	4CL，2M
2,2′,3,3′,4,5,6′-Heptachlorobiphenyl	PCB174	38411-25-5	4CL，2M
2,2′,3,3′,4,5′,6-Heptachlorobiphenyl	PCB175	40186-70-7	4CL，2M
2,2′,3,3′,4,6,6′-Heptachlorobiphenyl	PCB176	52663-65-7	4CL，2M
2,2′,3,3′,4,5′,6′-Heptachlorobiphenyl	PCB177	52663-70-4	4CL，2M
2,2′,3,3′,5,5′,6-Heptachlorobiphenyl	PCB178	52663-67-9	4CL，2M
2,2′,3,3′,5,6,6′-Heptachlorobiphenyl	PCB179	52663-64-6	4CL，2M
2,2′,3,4,4′,5,5′-Heptachlorobiphenyl	PCB180	35065-29-3	4CL，PP，2M
2,2′,3,4,4′,5,6-Heptachlorobiphenyl	PCB181	74472-47-2	4CL，PP，2M
2,2′,3,4,4′,5,6′-Heptachlorobiphenyl	PCB182	60145-23-5	4CL，PP，2M
2,2′,3,4,4′,5′,6-Heptachlorobiphenyl	PCB183	52663-69-1	4CL，PP，2M
2,2′,3,4,4′,6,6′-Heptachlorobiphenyl	PCB184	74472-48-3	4CL，PP
2,2′,3,4,5,5′,6-Heptachlorobiphenyl	PCB185	52712-05-7	4CL，2M
2,2′,3,4,5,6,6′-Heptachlorobiphenyl	PCB186	74472-49-4	4CL，2M
2,2′,3,4′,5,5′,6-Heptachlorobiphenyl	PCB187	52663-68-0	4CL，2M
2,2′,3,4′,5,6,6′-Heptachlorobiphenyl	PCB188	74487-85-7	4CL，2M
2,3,3′,4,4′,5,5′-Heptachlorobiphenyl	PCB189	39635-31-9	CP1，4CL，PP，2M
2,3,3′,4,4′,5,6-Heptachlorobiphenyl	PCB190	41411-64-7	4CL，PP，2M
2,3,3′,4,4′,5′,6-Heptachlorobiphenyl	PCB191	74472-50-7	4CL，PP，2M
2,3,3′,4,5,5′,6-Heptachlorobiphenyl	PCB192	74472-51-8	4CL，2M
2,3,3′,4′,5,5′,6-Heptachlorobiphenyl	PCB193	69782-91-8	4CL，2M
2,2′,3,3′,4,4′,5,5′-Octachlorobiphenyl	PCB194	35694-08-7	4CL，PP，2M
2,2′,3,3′,4,4′,5,6-Octachlorobiphenyl	PCB195	52663-78-2	4CL，PP，2M
2,2′,3,3′,4,4′,5,6′-Octachlorobiphenyl	PCB196	42740-50-1	4CL，PP，2M
2,2′,3,3′,4,4′,6,6′-Octachlorobiphenyl	PCB197	33091-17-7	4CL，PP，2M
2,2′,3,3′,4,5,5′,6-Octachlorobiphenyl	PCB198	68194-17-2	4CL，2M
2,2′,3,3′,4,5,5′,6′-Octachlorobiphenyl	PCB199	52663-75-9	4CL，2M
2,2′,3,3′,4,5,6,6′-Octachlorobiphenyl	PCB200	52663-73-7	4CL，2M

化学名称	单体代号	CAS 登记号	结构特征②
2,2′,3,3′,4,5′,6,6′-Octachlorobiphenyl	PCB201	40186-71-8	4CL，2M
2,2′,3,3′,5,5′,6,6′-Octachlorobiphenyl	PCB202	2136-99-4	4CL，2M
2,2′,3,4,4′,5,5′,6-Octachlorobiphenyl	PCB203	52663-76-0	4CL，PP，2M
2,2′,3,4,4′,5,6,6′-Octachlorobiphenyl	PCB204	74472-52-9	4CL，PP，2M
2,3,3′,4,4′,5,5′,6-Octachlorobiphenyl	PCB205	74472-53-0	4CL，PP，2M
2,2′,3,3′,4,4′,5,5′,6-Nonachlorobiphenyl	PCB206	40186-72-9	4CL，PP，2M
2,2′,3,3′,4,4′,5,6,6′-Nonachlorobiphenyl	PCB207	52663-79-3	4CL，PP，2M
2,2′,3,3′,4,5,5′,6,6′-Nonachlorobiphenyl	PCB208	52663-77-1	4CL，2M
Decachlorobiphenyl	PCB209	2051-24-3	4CL，PP，2M

①氯取代基位置：

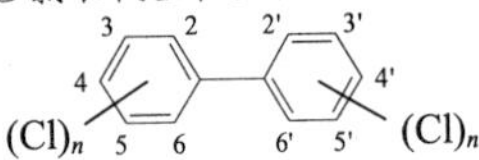

②CP0—联苯邻位无氯原子；CP1—联苯邻位只有一个氯原子；4CL—联苯分子中氯原子数≥4；PP—联苯分子中两个对位均为氯原子；2M—联苯分子中间位氯原子数≥2。

表 1-4 二噁英类多氯联苯单体与部分二噁英类化合物的毒性当量比较

a）WHO 数据[4]

化合物	缩写	毒性当量
多氯二苯二噁英 Polychlorinated dibenzodioxin		
四氯二苯二噁英 2,3,7,8-Tetrachlorodibenzodioxin	TCDD	1
五氯二苯二噁英 1,2,3,7,8-Pentachlorodibenzodioxin	1,2,3,7,8-PeCDD	1
六氯二苯二噁英 1,2,3,4,7,8-Hexachlorodibenzodioxin	1,2,3,4,7,8-HxCDD	0.1
六氯二苯二噁英 1,2,3,6,7,8-Hexachlorodibenzodioxin	1,2,3,6,7,8-HxCDD	0.1
六氯二苯二噁英 1,2,3,6,7,9-Hexachlorodibenzodioxin	1,2,3,6,7,9-HxCDD	0.1
七氯二苯二噁英 1,2,3,4,6,7,8-Heptachlorodibenzodioxin	1,2,3,4,6,7,8-HpCDD	0.01
Octachlorodibenzodioxin	OCDD	0.000 1
多氯二苯呋喃 Polychlorinated dibenzofurans		
四氯二苯呋喃 2,3,7,8-Tetrachlorodibenzofuran	2,3,7,8-TCDF	0.1
五氯二苯呋喃 1,2,3,7,8-Pentachlorodibenzofuran	1,2,3,7,8-PeCDF	0.05
五氯二苯呋喃 2,3,4,7,8-Pentachlorodibenzofuran	2,3,4,7,8-PeCDF	0.5
六氯二苯呋喃 1,2,3,4,7,8-Hexachlorodibenzofuran	1,2,3,4,7,8-HxCDF	0.1
六氯二苯呋喃 1,2,3,6,7,8-Hexachlorodibenzofuran	1,2,3,6,7,8-HxCDF	0.1
六氯二苯呋喃 1,2,3,7,8,9-Hexachlorodibenzofuran	1,2,3,7,8,9-HxCDF	0.1
六氯二苯呋喃 2,3,4,6,7,8-Hexachlorodibenzofuran	2,3,4,6,7,8-HxCDF	0.1
七氯二苯呋喃 1,2,3,4,6,7,8-Heptachlorodibenzofuran	1,2,3,4,6,7,8-HpCDF	0.01
七氯二苯呋喃 1,2,3,4,7,8,9-Heptachlorodibenzofuran	1,2,3,4,7,8,9-HpCDF	0.01

化合物	缩写	毒性当量
八氯二苯呋喃 Octochlorodibenzofuran	OCDF	0.000 1
无邻位氯原子二噁英类多氯联苯		
3,3′,4,4′-Tetrachlorobiphenyl（polychlorinated biphenyl #77）	3,3′,4,4′-TCB	0.000 1
3,4,4′,5,-Tetrachlorobiphenyl（polychlorinated biphenyl #81）	3,4,4′,5-TCB	0.000 1
3,3′,4,4′,5-Pentachlorobiphenyl（polychlorinated biphenyl #126）	3,3′,4,4′,5-PeCB	0.1
3,3′,4,4′,5,5′-Hexachlorobiphenyl（polychlorinated biphenyl #169）	3,3′,4,4′,5,5′-HxCB	0.01
单邻位氯原子二噁英类多氯联苯		
2,3,3′,4,4′-Pentachlorobiphenyl（polychlorinated biphenyl #105）	2,3,3′,4,4′-PeCB	0.000 1
2,3,4,4′,5-Pentachlorobiphenyl（polychlorinated biphenyl #114）	2,3,4,4′,5-PeCB	0.000 5
2,3′,4,4′,5-Pentachlorobiphenyl（polychlorinated biphenyl #118）	2,3′,4,4′,5-PeCB	0.000 1
2,3′,4,4′,5′-Pentachlorobiphenyl（polychlorinated biphenyl #123）	2,3′,4,4′,5′-PeCB	0.000 1
2,3,3′,4,4′,5-Hexachlorobiphenyl（polychlorinated biphenyl #156）	2,3,3′,4,4′,5-HxCB	0.000 5
2,3,3′,4,4′,5′-Hexachlorobiphenyl（polychlorinated biphenyl #157）	2,3,3′,4,4′,5′-HxCB	0.000 5
2,3′,4,4′,5,5′-Hexachlorobiphenyl（polychlorinated biphenyl #167）	2,3′,4,4′,5,5′-HxCB	0.000 01
2,3,3′,4,4′,5,5′-Heptachlorobiphenyl（polychlorinated biphenyl #189）	2,3,3′,4,4′,5,5′-HpCB	0.000 01

b）US EPA 数据[5]

化合物	缩写	毒性当量
多氯二苯二噁英		
四氯二苯二噁英 2,3,7,8-Tetrachlorodibenzodioxin	TCDD	1
五氯二苯二噁英 1,2,3,7,8-Pentachlorodibenzodioxin	1,2,3,7,8-PeCDD	1
六氯二苯二噁英 1,2,3,4,7,8-Hexachlorodibenzodioxin	1,2,3,4,7,8-HxCDD	0.1
六氯二苯二噁英 1,2,3,6,7,8-Hexachlorodibenzodioxin	1,2,3,6,7,8-HxCDD	0.1
六氯二苯二噁英 1,2,3,6,7,9-Hexachlorodibenzodioxin	1,2,3,6,7,9-HxCDD	0.1
七氯二苯二噁英 1,2,3,4,6,7,8-Heptachlorodibenzodioxin	1,2,3,4,6,7,8-HpCDD	0.01
八氯二苯二噁英 Octachlorodibenzodioxin	OCDD	0.000 3
多氯二苯呋喃		
四氯二苯呋喃 2,3,7,8-Tetrachlorodibenzofuran	2,3,7,8-TCDF	0.1
五氯二苯呋喃 1,2,3,7,8-Pentachlorodibenzofuran	1,2,3,7,8-PeCDF	0.03
五氯二苯呋喃 2,3,4,7,8-Pentachlorodibenzofuran	2,3,4,7,8-PeCDF	0.3
六氯二苯呋喃 1,2,3,4,7,8-Hexachlorodibenzofuran	1,2,3,4,7,8-HxCDF	0.1
六氯二苯呋喃 1,2,3,6,7,8-Hexachlorodibenzofuran	1,2,3,6,7,8-HxCDF	0.1
六氯二苯呋喃 1,2,3,7,8,9-Hexachlorodibenzofuran	1,2,3,7,8,9-HxCDF	0.1
六氯二苯呋喃 2,3,4,6,7,8-Hexachlorodibenzofuran	2,3,4,6,7,8-HxCDF	0.1
七氯二苯呋喃 1,2,3,4,6,7,8-Heptachlorodibenzofuran	1,2,3,4,6,7,8-HpCDF	0.01
七氯二苯呋喃 1,2,3,4,7,8,9-Heptachlorodibenzofuran	1,2,3,4,7,8,9-HpCDF	0.01

化合物	缩写	毒性当量
八氯二苯呋喃 Octochlorodibenzofuran	OCDF	0.000 3
无邻位氯原子二噁英类多氯联苯		
3,3′,4,4′-Tetrachlorobiphenyl（polychlorinated biphenyl #77）	3,3′,4,4′-TCB	0.000 1
3,4,4′,5,-Tetrachlorobiphenyl（polychlorinated biphenyl #81）	3,4,4′,5-TCB	0.000 3
3,3′,4,4′,5-Pentachlorobiphenyl（polychlorinated biphenyl #126）	3,3′,4,4′,5-PeCB	0.1
3,3′,4,4′,5,5′-Hexachlorobiphenyl（polychlorinated biphenyl #169）	3,3′,4,4′,5,5′-HxCB	0.03
单邻位氯原子二噁英类多氯联苯		
2,3,3′,4,4′-Pentachlorobiphenyl（polychlorinated biphenyl #105）	2,3,3′,4,4′-PeCB	0.000 03
2,3,4,4′,5-Pentachlorobiphenyl（polychlorinated biphenyl #114）	2,3,4,4′,5-PeCB	0.000 03
2,3′,4,4′,5-Pentachlorobiphenyl（polychlorinated biphenyl #118）	2,3′,4,4′,5-PeCB	0.000 03
2,3′,4,4′,5′-Pentachlorobiphenyl（polychlorinated biphenyl #123）	2,3′,4,4′,5′-PeCB	0.000 03
2,3,3′,4,4′,5-Hexachlorobiphenyl（polychlorinated biphenyl #156）	2,3,3′,4,4′,5-HxCB	0.000 03
2,3,3′,4,4′,5′-Hexachlorobiphenyl（polychlorinated biphenyl #157）	2,3,3′,4,4′,5′-HxCB	0.000 03
2,3′,4,4′,5,5′-Hexachlorobiphenyl（polychlorinated biphenyl #167）	2,3′,4,4′,5,5′-HxCB	0.000 03
2,3,3′,4,4′,5,5′-Heptachlorobiphenyl（polychlorinated biphenyl #189）	2,3,3′,4,4′,5,5′-HpCB	0.000 03

资料来源：US EPA. RAF：Recommended Toxicity Equivalency Factors，September 1，2009.
（www.epa,gov/raf/files/hhtef_draft_09109.pdf_）

研究表明有机氯化物的物理化学性质与其氯化程度密切相关。一般来讲，随着氯化程度的增高有机分子的亲脂性及毒性也增强。有机污染物的亲脂性直接影响其在环境中的行为，如迁移转化、溶解、沉积物吸附、生物积累、毒性等[6]。多氯联苯分子可含 1～10 个氯原子，分子中含有相同氯原子数的多氯联苯称为同氯异构体（homolog），故多氯联苯共有 10 种同氯异构体。表 1-2 列出了多氯联苯各个同氯异构体所包含的单体数目及其 log P 值。含 1～3 个氯原子的为低度氯化，含 4～6 个氯原子的为中度氯化，含 7 个以上氯原子的为高度氯化。研究发现除氯原子的位置外，氯化程度的高低直接影响多氯联苯在环境中的行为[7]。不言而喻了解多氯联苯污染物中氯原子的分配比例对研究其环境影响也是有重要意义的。

综上所述，在研究多氯联苯的环境污染时，根据数据的不同用途，需要的信息涉及：多氯联苯产品混合物、多氯联苯单体、多氯联苯共面体及多氯联苯同氯异构体。这四个项目即多氯联苯的分析项目。由于多氯联苯在环境中的迁移途径一般是由初始污染点（通常是土壤或底泥）扩散至水体及初等生物，再经食物链扩散并富集到其他生物体中。它也可通过含多氯联苯废弃物的焚烧及污染地区的粉尘进入大气环境。因此多氯联苯的环境分析涉及土（包括底泥）、水样、气样及生物样品。

多氯联苯的分析除同氯异构体必须用 GC/MS 分析外，其余 Aroclor、PCB 单体及

PCB 共面体在检出限允许时，均可使用 GC/ECD 或 GC/MS 进行分析。质谱检测器可提供更为可靠的数据，但由于普通的四极杆质谱分辨率低，其灵敏度远低于 GC/ECD，故在单体分析中主要用于对中、高浓度样品的数据验证。使用高分辨质谱可同时获得高灵敏度及高准确度的分析数据，但高分辨质谱因价格昂贵、操作复杂，不为一般实验室所配备。然而对于环境样品中多氯联苯的分析，一般实验室的 GC/ECD 或 GC/MS 所提供的数据已几乎能满足所有项目的需求，高分辨质谱的运用并不普遍。因此，本书所介绍的环境样品中多氯联苯的分析方法仅限于在装备 GC/ECD 及 GC/MS 的常规实验室使用。本书介绍的分析方法是作者实验室所执行的，根据美国 EPA 标准方法或文献方法制定的方法。在讲述产品混合物、单体及共面体分析时以 GC/ECD 方法为主。

对环境样品中多氯联苯的分析关键是样品制备，其中包括萃取及净化。其实质是将微量甚至痕量的多氯联苯从样品中提取出来，并在进仪器分析前经净化去除干扰物并进行进一步浓缩，以获得高的检出灵敏度及准确度。目前行业中流行着各种样品前处理方法，例如固体样品萃取除经典的索氏提取方法外，还涌现了一些新的方法，如加速溶剂萃取、微波萃取、超临界流体萃取、快速索氏萃取和热解析等。本书主要介绍美国 EPA 标准中运用得较广的，并且易于在国内一般实验室执行的一些方法。对于文献中报道的、虽不是标准方法但简便易行的，例如超声波水浴萃取，也做了适当介绍，供读者参考。

环境样品中 PCB 的分析，尤其是共面体及同氯异构体的分析，虽属于难度较高的环境监测项目，但一般能进行半挥发性有机污染物（semi-volatile organic compound，SVOC）及残余有机氯农药分析的实验室原则上都具备分析多氯联苯的技术基础。分析人员只需适当扩充一些有关知识，并根据需要对实验室做适当改进就完全能胜任 PCB 的分析项目。本书试图为具有 SVOC 及有机氯农药分析基础的分析人员提供一个简单明了、易读、易懂的实用指南，使他们能够在短时间内建立起自己实验室的 PCB 分析能力。

由于多氯联苯是公认的有毒、致癌物质，在进行多氯联苯分析工作中一定要注意安全防护。要严格执行实验室有关安全的规定、措施，其中包括样品及标准物质的管理、废弃物的处理等。标准溶液的配制，样品萃取及净化都应在通风橱中进行。分析仪器的尾气应经吸附剂吸附后排入通风橱。操作人员要穿工服、戴防护镜及防护手套，应尽量避免与多氯联苯的直接接触。应当说，只要正确执行实验室的安全操作规程，就能有效避免有害物质对操作人员的危害。

参考文献

[1] Text and Annexes. Interim Secretariat for the Stockholm Convention on Persistent Organic Pollutants. UNEP Chemicals. Geneva，Switzerland. UNEP，2001.

[2] “Contamination of rice bran oil with PCB used as the heating medium by leakage through penetration holes at the heating coil tube in deodorization chamber”. Japan Science and Technology Agency. http://shippai.jst.go.jp/en/Detail？fn=2&id=CB1056031. Retrieved 2007-12-11.

[3] Frame，GM，Cochran，JW，Boewadt，SS. Complete PCB congener distributions for 17 Aroclor mixtures determined by 3 HRGC systems optimized for comprehensive，quantitative，congener-specific analysis. J High Res Chromatogr，1996（19）：657-668.

[4] Van den Berg，et al. Toxic Equivalency Factors（TEFs）for PCBs，PCDDs，PCDFs for Humans and Wildlife. Environmental health Perspectives，1998，106（12）.

[5] US EPA：RAF. Recommended Toxicity Equivalency Factors. 2009-09-01. http://www.epa,gov/raf/files/hhtef_draft_09109.pdf_.

[6] 解天民. 结构活性关系（SARs）在环境化学中的运用——有机化学品环境危害性预测. 环境化学，1986，5（2）：1-10.

[7] David Cleverly. Memorandum：response to ecological risk assessment forum request for information on the benefits of PCB congener-specific analyses. US EPA，2005.

[8] Tala R. Henry and Michael J. DeVito. Non-Dioxin-like PCBs：Effects and Consideration in Ecological Risk Assessment. US EPA，2003.

[9] Tomas Öberg. Prediction of physical properties for PCB congeners from molecular descriptors. Internet Journal of Chemistry，2001，4（11）.

第二章　多氯联苯分析样品前处理方法

2.1　概述

与其他半挥发性有机污染物分析相同，多氯联苯分析的样品制备也是在样品制备室利用其亲脂性将其从样品中提取出来，并通过若干净化步骤将其与提取液中的其他有机化合物分离开，再经浓缩制成能直接进分析仪器的样品溶液。半挥发性有机物种类繁多，物化性质各异，含中性、酸性和碱性三类，其沸点范围宽，彼此间极性差别很大，样品制备过程技术复杂。而多氯联苯是半挥发性有机污染物中的中性化合物，化学性最稳定，亲脂性最强，沸点也较高，整个萃取、净化过程都是基于亲脂性最强、化学性最稳定这个特点，因此一般来说萃取和净化技术比其他半挥发性有机物相对容易。但是，多氯联苯分析所要求的检出灵敏度通常要远高于一般半挥发性有机污染物分析，样品制备过程中对于去除在电子捕获检测器上有响应的干扰物及避免实验室这类有机物的污染有更严格的要求。生物样品含大量有机物，其萃取液的净化更是一项十分关键的工作。

在多氯联苯分析样品前处理过程中最常见的、影响数据质量的问题是样品污染及目标化合物损失。前者增加样品中的污染物，造成正误差或假性检出，后者则使样品中的目标化合物丢失，造成负偏差或漏检。可能发生的多氯联苯污染通常来自如下两个方面：所用器皿在使用前未能彻底清洗，或前处理仪器设备中样品的公共通道在样品处理结束后未彻底清洗，从而导致前一样品的残留物对下一样品的污染。另外，若前处理过程中所使用的溶剂、药品或器皿含氯代有机物及酞酸酯亦会干扰分析。有机氯农药亲脂性强，在电子捕获检测器上有强烈响应；来自实验室的塑料制品中的酞酸酯类化合物，它们在电子捕获检测器上的响应值虽远不如有机氯化物，但样品萃取液一旦被其污染，浓度往往较高，也会严重干扰 PCB 分析。这些干扰物既可能被误定性为目标化合物引起正误差，也可能遮掩了目标化合物的峰而引起漏检。在样品制备前要严格清洗所有器皿，通常的清洗步骤是：先用萃取溶剂淋洗，然后用洗涤剂及热水洗，再依次用自来水及纯净水淋洗，最后用甲醇淋洗后晾干。要避免使用含增塑剂的塑料器材，对所使用的溶剂及化学试剂要进行纯度的质控检查。对溶剂或试剂的质控检查应参照样品的前处理方法，直接浓缩，或经萃取、浓缩后进样分析。为评价实验室可能导致的污染，在每批萃取的样品（一般不多于 20）中安插一方法空白样，经萃取、前处理、分析，测定目标化合物浓度。当方法空白样超标时，要逐环节检查，找出污染源，及时采取更正措施。

在前处理过程中造成多氯联苯损失的主要因素有：萃取不完全，泄漏，吸附，净化过程中萃取液转移不完全等。为评价前处理效率，通常采取下列措施：

（1）在样品萃取前将已知量的、与多氯联苯性质相似的且在样品中不存在的回收率指示物，即替代标准物（surrogate），如二溴八氟联苯、八氯萘、四氯二甲苯及十氯联苯等，加入样品及质控样品分析中，经萃取、前处理、分析后计算其回收率。

（2）在每批萃取的样品中（一般不多于 20）安插一实验室控制样（lab control spike，LCS），即空白样中加入目标化合物，经萃取、前处理、分析后测其回收率。

（3）在样品中加入目标化合物（matrix spike，MS），经萃取、前处理、分析后测其回收率。

（4）在每批萃取样品中插入一经权威机构验证的标准参考样品，经与样品相同的步骤进行处理，分析后对比检出结果与标准值的差别。这对于分析生物样品尤其重要，因为在实验室控制样中外加的多氯联苯与在生物样品脂肪中或细胞中的多氯联苯处于不同的状态，而标准参考样品不是通过将目标物加入样品制作的，而是由实际含污染物的样品制作的，故能客观地反映实际样品的萃取效率。

应当注意用以加入的标准溶液必须能溶于或混入被掺入的基质，形成均匀的样品，否则所获得的回收率并不能真正反映样品处理的实际效果。

在多氯联苯共面体的分析中，样品前处理过程除一般多氯联苯的萃取、净化步骤外，还需要进行共面体与非共面体的分离。这部分前处理内容将在共面体分析部分另做讲述。

2.2 样品萃取技术

样品中多氯联苯的萃取方法可根据样品的基质及实验室的装备进行选择。水样的萃取方法主要有液-液萃取及固相萃取；对于土样可采用超声波萃取、索氏萃取、压力溶剂萃取或微波萃取；生物组织样多采用压力溶剂萃取或微波萃取；气体样品中的多氯联苯由滤膜、吸附剂收集，再用土样萃取方法将滤膜及吸附剂中收集的多氯联苯萃取出来；废弃油样品用正己烷溶剂直接稀释后分析，或经净化后分析。

多氯联苯是半挥发性有机污染物中亲脂性最强的一类，它们的 log P 值（在正八碳醇-水系统中的分配系数的对数，用于量度有机化合物的亲脂性）除 3 个一氯代物不足 5 外，其余都为 5～9，因而水样最适合用非极性的正己烷萃取。然而对于沉积物及生物样品，为提高萃取效率，溶剂需要对样品基质有一定穿透力，因此常采用具有一定极性的萃取溶剂，如二氯甲烷或二氯甲烷与丙酮的混合溶剂。另外，当使用分液漏斗或连续液-液萃取装置提取水样中的多氯联苯时，必须采用比重大于水的二氯甲烷溶剂。由于含氯或含氧的溶剂会对多氯联苯的分析产生干扰，故在分析前要将这类溶剂转化成烷烃溶剂。

2.2.1　水样萃取方法

水样的萃取方法主要有液-液萃取及固相萃取。液-液萃取包括摇瓶萃取、连续萃取及液相微萃取。固相萃取主要有膜萃取及柱萃取。关于液-液萃取本书主要介绍简便、易行、廉价的摇瓶萃取及液相微萃取。室验室空白样及空白加标样品用与样品等量的纯净水制备。

2.2.1.1　摇瓶液-液萃取

摇瓶萃取是最常用的液-液萃取方法，它设备简单，操作容易，只需要分液漏斗即可进行。水样中萃取 PCB，原则上不需调节 pH，将 1 L 水样置于 2 L 分液漏斗，根据分析项目按表 2-1 在每个样品中掺入适当的替代标准物溶液，对于空白加标及样品加标则按表 2-1 另再加入目标物标准溶液，用二氯甲烷萃取三次，每次溶剂体积为 60 mL。每次萃取时用手或摇瓶机摇动 2～3 min，摇瓶过程不时打开调节旋塞放气，萃取后静置 10 min，分层后将下层溶剂分出，通过漏斗收集于 250 mL 锥形瓶中，再进行下一次萃取。漏斗三角底部装有少量玻璃棉，玻璃棉上部为 3～10 cm 高、经 400℃加热 4 h 提纯处理过的无水硫酸钠干燥剂。三次萃取液均收集于同一锥形瓶中，检查萃取液，若不完全澄清则再加入少许无水硫酸钠，摇动。经干燥的萃取液进行下步溶剂转化。萃取过程中如果出现乳化现象，可进行搅拌、过滤乳液、离心等物理方法的操作，或向分液漏斗中加入氯化钠破乳。如果乳液不能被破开，回收的二氯甲烷少于 80%，则将样品、溶剂和乳液一并转移到连续液-液萃取室中，进行连续液-液萃取。应当注意，多氯联苯的亲脂性极强，一次萃取就基本上转移完全（详见下文液-液微萃取），萃取效率关键取决于水相与溶剂相的分离，因此必须注意摇瓶时不能过于激烈，以防形成难以分离的悬浮溶剂微粒，而导致萃取效率的降低。也应注意用于加入样品的替代标准物溶液及加标溶液应能与水样混合，为此溶液中必须含有适当比例的甲醇或丙酮。掺入用标准溶液通常用市售的高浓度标准溶液加入到甲醇或丙酮溶剂中稀释、定容制备。萃取液经溶剂交换、净化、浓缩定容后加入内标物进行仪器分析。

表 2-1 水样摇瓶萃取 PCB 替代标准物及目标物标准溶液加入量

分析项目	替代标准物溶液	目标物标准溶液	所有样品	空白加标及样品加标
			替代标准物溶液加入量/mL	目标物标准溶液加入量/mL
Aroclor 产品	四氯间二甲苯和十氯联苯的甲醇溶液各 0.5 mg/L	Aroclor 1016 和 Aroclor 1260 的甲醇混合溶液各 5 mg/L	0.2	0.5
PCB 单体	二溴八氟联苯（DBOFB）和八氯萘甲醇溶液（OCN）各 0.5 mg/L	所有单体目标物的甲醇混合溶液各 0.5 mg/L	0.1	0.1
PCB 共面体*	同上	同上	0.1	0.1
PCB 同氯异构体	二溴八氟联苯（DBOFB）和八氯萘甲醇溶液（OCN）各 10 mg/L	PCB 同氯异构体校准标样甲醇混合溶液各 10 mg/L**	0.05	0.05

* PCB 共面体样品制备第一步与单体同时进行，替代标准物包含在单体替代标准物中，内标物在共面体与非共面体分离后加入。详见共面体分析部分。

** 包含：PCB1，PCB5，PCB29，PCB50，PCB87，PCB154，PCB188，PCB200 及 PCB209 九个单体。

2.2.1.2 液-液微萃取

液-液微萃取是用一定体积的溶剂（0.5～2 mL）对小体积的样品（5～100 mL）进行一次性萃取，萃取液直接进样分析。由于是一次萃取，且溶剂体积小，故萃取不可能完全。对于亲脂性极强的 PCB，液相微萃取有着特殊的优越性。前面提过 PCB 的 log$P$ 值（在正八碳醇-水系统中的分配系数的对数，用于量度有机化合物的亲脂性）除三个一氯代物为 4～5 外，其余都为 5～9，若用 1 mL 正己烷对 100 mL 水样进行萃取，按比较保守的估计，假设 PCB 在正己烷-水系统中的分配常数为 1×10^5，依此计算液-液萃取的效率（F）：

$$F = \frac{Q_o}{Q} \quad Q = Q_a + Q_o = \rho V_a$$

平衡时：

$$P = \frac{\rho_o}{\rho_a}$$

式中：Q——萃取前在水样中的 PCB 总量，ng；

Q_o——转移到有机相的 PCB 的量，ng；

Q_a——萃取后 PCB 在水相的残留量，ng；

ρ——PCB 在样品中的原始质量浓度，ng/mL；

ρ_o——萃取平衡时 PCB 在有机相中的质量浓度，ng/mL；

ρ_a——萃取平衡时 PCB 在水相中的质量浓度，ng/mL；

V_a——样品体积，mL；

V_o——萃取液体积，mL。

萃取一次时：

$$F=\frac{\rho_o\times V_o}{\rho\times V_a}=\frac{\rho_o\times V_o}{\rho_a\times V_a+\rho_o\times V_o}=\frac{PV_o}{PV_o+V_a}$$

按设：$V_o=1$ mL；$V_a=100$ mL，$P=10^5$

则：$F=\frac{PV_o}{PV_o+V_a}=0.999$

由结果可知，用 1 mL 正己烷对 100 mL 水样进行萃取，平衡时 99.9% 的 PCB 已转入正己烷相。这样使用小体积溶剂进行萃取，大大节约了溶剂，免去了浓缩步骤，简化了样品制备步骤，避免了浓缩过程中目标化合物的损失，虽然所用样品体积小，但仍可达到很高的灵敏度。使用正己烷进行萃取，平衡时溶剂在水样顶部，易于吸取，操作起来十分方便。同时，对于多数有机干扰物来说，由于极性大大强于 PCB，在这种萃取条件下相对 PCB 而言转入正己烷相的量要少得多，从而降低了对萃取液净化的要求。液-液微萃取的标准曲线是在空白水中掺加标准物及替代标准物，配成一定浓度的水样，再掺入定量的内标物，然后经萃取、分析，制定出浓度与相对响应值的相关曲线，再由之计算出各目标物的平均响应因子。分析未知样品时则以此定量。由于标准曲线的制作与样品分析步骤完全相同，故分析结果准确度较高。应当注意，这种定量方法得到的回收率是相对回收率。由于内标物是直接加入到水样中，若萃取液不需进行进一步净化，萃取完成后只需取一部分萃取液直接进行分析即可，而不需定量转移萃取液。液-液微萃取的另一优点是不需要专门的玻璃器皿。普通的容量瓶、具有聚四氟乙烯垫片盖子的瓶子及试管都是很好的萃取器皿。根据分析所需要达到的灵敏度适当选择样品及正己烷的体积进行萃取。例如，使用 2 mL 正己烷对 200 mL 水样进行萃取，用 GC/ECD 仪器分析单体及商品混合物，定量检出限可分别达到 2 ng/L 及 100 ng/L。基于以上优点，在分析水样中的 PCB 时，若检出限满足项目要求应尽可能采用液-液微萃取。液-液微萃取不适于易发生乳化的样品，亦不适于含大量有机干扰物的样品，通常用于饮用水、地下水及地表水分析。如果发现样品中有干扰多氯联苯分析的化合物存在，还应当对萃取液采取适当的净化措施再进样仪器分析。

水样液-液微萃取 PCB 的具体操作：在 100 mL 容量瓶中加入样品至刻度，根据分析项目按表 2-2 在每个样品中掺入适当的替代标准物及内标物溶液，对于空白加标及样品加标则按表 2-2 另再加入目标物标准溶液，用移液器准确加入 1.5 mL 正己烷，盖好瓶盖，摇动样品瓶 2 min，使正己烷与水样充分接触，静置 30 min，待正己烷与水相完全分离后，用滴管小心吸取上层有机相 1.0 mL 用于直接进样分析或进一步净化。若需进一步提高检测灵敏度，则可将正己烷的体积减少至 1 mL，甚至 0.5 mL。

表 2-2 水样液-液微萃取 PCB 内标物、替代标准物及目标物标准溶液加入量

分析项目	内标物溶液	替代标准物溶液	目标物标准溶液	样品及所有质控样		空白加标及样品加标
				替代标准物溶液加入量/mL	内标物溶液加入量/mL	目标物标准溶液加入量/mL
Aroclor 产品	内标物 1-溴-2-硝基苯的甲醇溶液 1.0 mg/L	四氯间二甲苯和十氯联苯的甲醇溶液各 0.5 mg/L	Aroclor 1016 和 Aroclor 1260 的甲醇混合溶液各 5 mg/L	0.4	0.2	0.5
PCB 单体	同上	二溴八氟联苯(DBOFB)和八氯萘甲醇溶液（OCN）各 0.5 mg/L	所有单体目标物的甲醇混合溶液各 0.5 mg/L	0.4	0.2	0.1
PCB 共面体*	—	同上	同上	0.4	0.2	0.1
PCB 同氯异构体	Phenanthrene-d10 and chrysene-d12 甲醇溶液 100 ng/μL（ppm）	二溴八氟联苯(DBOFB)和八氯萘甲醇溶液（OCN）各 10 mg/L	PCB 同氯异构体校准标样甲醇混合溶液各 10 mg/L**	0.1	—	0.1

* PCB 共面体样品制备第一步与单体同时进行，替代标准物包含在单体替代标准物中，内标物在共面体与非共面体分离后加入。详见共面体分析部分。

** 包含：PCB1，PCB5，PCB29，PCB50，PCB87，PCB154，PCB188，PCB200 及 PCB209 九个单体。

2.2.1.3 固相萃取

固相萃取是采用固相吸附剂将亲脂性被分析物从水样中吸附出来，达到分离的目的，再用溶剂将被吸附的分析物淋洗下来。非极性吸附剂 C-18 是最常用于萃取水中 PCB 的吸附剂。当水样通过 C-18 吸附膜或吸附柱时，水样中的 PCB 被吸附到吸附剂上，然后用极性溶剂如丙酮将 PCB 从吸附剂上洗脱下来。使用极性溶剂的目的是帮助回收吸附剂孔隙间水分中所含的目标物。萃取液经溶剂交换、净化、浓缩定容后加入内标物进仪器分析。

使用固相萃取的最大优点是大大减少了溶剂的用量，简化了样品制备步骤，便于实现自动化操作，目前使用滤膜或吸附柱的自动固相萃取装置已广泛用于有机分析的样品制备。使用固相萃取前，要参照表 2-3 先在水样中加入替代标准物，另在样品加标及空

白加标样品中加入目标化合物。PCB 的亲脂性很强，样品中的 PCB 有可能被吸附在样品瓶内壁黏附的有机质微粒上，样品转移完后应使用少量极性溶剂，如甲醇，洗涤样品瓶内壁，并将其与样品一起萃取。进行固相萃取时通常要将萃取膜或萃取柱用极性溶剂如甲醇，进行活化，以改善萃取剂与水样的浸润性，使水样能充分与萃取剂接触，同时也可将吸附剂表面的干扰杂质洗去。使用固相萃取前要先对所采用的萃取膜及萃取柱进行校正。用空白加标样品按标准操作程序进行吸附、洗脱后进行分析，测定目标化合物回收率，确保目标化合物能吸附完全、洗脱完全，再进行样品萃取。

2.2.2 固体样品萃取方法

固体样品包括土、沉积物、固体废弃物及用于采取空气样品的取样材质。为将固体表面吸附的，或包裹在样品内部的多氯联苯萃取出来，必须要求溶剂有一定的渗透能力，能够深入到样品的内部，与样品颗粒充分接触。为此在萃取前应在样品中混入干燥剂，以减少水分，并在溶剂中混入适量极性较强的溶剂，如丙酮及甲醇，最常用的萃取溶剂是二氯甲烷与丙酮或正己烷与丙酮各半的混合溶剂。固体样品的萃取方法有索氏萃取、超声波萃取、压力溶剂萃取或微波萃取等。通常取样品 10～30 g 进行萃取。室验室空白及空白加标样品可用与样品等量的纯净砂制备。萃取前加入替代标准物，对实验室控制样及样品加标需另外加入目标化合物，见表 2-3。

表 2-3 固体样品萃取 PCB 替代标准物及目标物标准溶液加入量

分析项目	替代标准物溶液	目标物标准溶液	所有样品	空白加标及样品加标
			替代物标准溶液加入量/mL	目标物标准溶液加入量/mL
Aroclor 产品	四氯间二甲苯和十氯联苯的丙酮溶液各 0.5 mg/L	Aroclor 1016 和 Aroclor 1260 的丙酮混合溶液各 5 mg/L	0.4	1.0
PCB 单体	二溴八氟联苯（DBOFB）和八氯萘甲醇溶液（OCN）各 0.5 mg/L	所有单体目标物的甲醇混合溶液各 0.5 mg/L	0.2	0.2
PCB 共面体*	同上	同上	0.2	0.2
PCB 同氯异构体	二溴八氟联苯（DBOFB）和八氯萘甲醇溶液（OCN）各 10 mg/L	PCB 同氯异构体校准标样甲醇混合溶液各 10 mg/L**	0.1	0.1

* PCB 共面体样品制备第一步与单体同时进行，替代标准物包含在单体替代标准物中，内标物在共面体与非共面体分离后加入。详见共面体分析部分。

** 包含：PCB1，PCB5，PCB29，PCB50，PCB87，PCB154，PCB188，PCB200 及 PCB209 九个单体。

2.2.2.1　索氏萃取

索氏萃取器是一种半连续的玻璃制萃取装置。在此装置中样品置于多孔的玻璃纤维样品筒内，样品筒置于萃取室，萃取室的下部是盛有溶剂的被加热的烧瓶，溶剂被加热沸腾后，蒸汽经冷凝管冷凝后回流滴入样品筒与样品接触，将其表面吸附的目标化合物萃取，当样品筒中的溶液积累到一定高度时，经虹吸管回流入烧瓶，与样品分离，在烧瓶中溶剂被不断蒸出，又不断滴入样品筒中，而被萃取出的目标化合物则积累于烧瓶溶液中。如此周而复始，达到萃取完全。整个过程需要 18～20 h。传统的索氏萃取由于耗时太长，使用溶剂较多，长时间的加热往往导致某些不稳定的目标化合物损失，故逐渐被新发展起来的自动索氏萃取器所取代。在自动索氏萃取器中样品亦置于多孔玻璃纤维样品筒内，萃取过程开始时样品筒完全浸入沸腾的溶剂中进行沸腾萃取，沸腾蒸发的溶剂蒸气在冷凝管中冷凝回流滴回萃取溶剂。共沸萃取 60 min 后萃取达到平衡，此时将样品管升高，与继续保持沸腾的萃取溶剂分离，沸腾蒸发的溶剂蒸气在冷凝管中冷凝并不断滴入样品，对萃取后的样品进一步淋洗。淋洗液流经样品后不断滴回沸腾的萃取溶剂中，淋洗 60 min 后冷凝管中冷凝下来的溶剂被切换转入溶剂回收室，不再对样品进行淋洗，使溶剂瓶中的萃取液不断浓缩。这样，萃取、淋洗及浓缩三步连续进行，一气呵成。由于自动索氏萃取在第一时间就将样品完全浸入溶剂，并且是在沸腾状态下进行萃取，而随后又是一个连续淋洗、萃取的过程，故效率大大高于传统的索氏萃取，包括浓缩，整个萃取过程只需 3 h。

2.2.2.2　超声波萃取

将样品与干燥剂混合后置于烧杯中，加入 100 mL 溶剂，再将超声波发生器的探头放入溶剂，置于样品上方，开动超声波发生器，探头发出的超声波将样品搅起，使之与溶剂充分接触，萃取 3 min 后，静置，分离萃取液与样品，一般每个样品重复萃取三次。萃取过程中要注意探头的位置及超声波输出能量，若探头位置太高、输出能量低，则样品得不到充分搅拌，导致萃取回收率降低；但若输出能量过高，或探头过于接近烧杯底，则有可能使烧杯破裂，导致萃取失败。在样品萃取间隙要仔细淋洗探头，否则极易发生样品间的交叉污染。虽然超声波萃取是完全手工操作，耗费劳力，不宜处理批量样品，但由于其操作简便、快捷、仪器投资及维修成本低，至今仍在土样萃取中广泛运用。但对于生物机体样品，因萃取回收率低而不宜使用。

另一简单的超声波萃取方法是将样品（5～10 g）置于 40 mL 的样品瓶中，加入 20～30 mL 溶剂使样品完全浸没于溶剂中，将样品瓶用附聚四氟乙烯垫片的瓶盖密封，再将样品瓶置于超声波水浴中萃取 15 min，萃取结束后静置 30 min，待溶剂与样品分离，并完全冷却后将其倒入浓缩瓶中。每样重复萃取 3 次，合并后的萃取液经溶剂交换、净化、浓缩定容后加入内标物进仪器分析。这种萃取方法可同时萃取多个样品，且不需要专用萃取仪器，成本低廉，适用于资金有限的实验室。

2.2.2.3　压力溶剂萃取

压力溶剂萃取又称加速溶剂萃取，在自动压力萃取器中进行。10～20 g 样品与干燥剂混合后被填装入耐高压的、密封的不锈钢萃取室中，并加入替代标准物，装填好样品的萃取室被置于萃取器的样品槽中，萃取时通过计算机控制，在萃取室中注入溶剂，然后封闭萃取室进出口，并对萃取室加热至 100～150℃，使其压力达到 100 个大气压①以上，在此过程中溶剂充分渗透到样品内部，使样品中的有机物转移到溶剂中，萃取数分钟后泄压，将溶剂排入接收瓶，重复萃取过程三次，每次从加热、保温至泄压约 10 min。由于是在高温高压下进行萃取，萃取液使用弱极性的二氯甲烷即可，不必另加极性溶剂。进行压力溶剂萃取时一定要避免使用水溶性的干燥剂如无水硫酸钠干燥样品，它很容易造成溶剂管路的堵塞。压力溶剂萃取的特点是萃取效率高，快速，溶剂用量少，每个样品仅需溶剂数十毫升，整个过程完全自动化，是先进实验室的首选固体样品萃取仪器。它的缺点是样品中过多的类脂化合物被萃取出来，因而加重了样品预处理的负担；仪器投资及维修成本较高。

2.2.2.4　微波萃取

将与干燥剂混合后的 10～20 g 样品置于萃取室中，加入替代标准物，再加入 25 mL 丙酮正己烷混合溶剂后密闭，多个密闭的萃取室在微波炉中加热至 100～115℃，内部压力达到 50～150 个大气压。加热 10 min 后将萃取室冷却到室温，分离萃取液，用溶剂淋洗样品数次。整个过程 30～40 min。与压力溶剂萃取相似，微波萃取效率高，速度快，但仪器投资与维修成本较高。

2.2.3　生物机体样品的萃取方法

生物机体的萃取由于目标化合物存在于机体细胞或脂肪中，为获得较高的萃取效率需要萃取溶剂能充分穿透样品基质，为此萃取多在高温高压下进行。上节所述的压力溶剂萃取及微波萃取是最常用的萃取方法。由于生物样品中类脂化合物含量很高，一次不宜萃取过多的样品，尤其是脂肪含量高的组织样品，通常用于萃取的样品量不宜大于 1 g，否则过多的脂肪将会使后面的凝胶色谱净化柱超载。生物样品如果含水量很大（捣

---

① 指标准大气压。1 标准大气压=1.013×10^5 Pa。

碎后显浆状），应先用真空冻干机干燥再行萃取，如果样品含水量不是很大，则可直接进行萃取。样品在装入萃取容器前应先与硅藻土干燥剂充分混匀，装填入萃取容器后按表 2-3 加入回收率指示物，即可开启仪器用二氯甲烷萃取。室验室空白及空白加标样品可用与样品等量的纯净砂制备。

生物样品通常要测定总可萃取有机物的含量（total extractable organics，TEO）。一般是定量取约 5%的萃取液用重量法进行测定。萃取液溶剂蒸发后所剩物质即 TEO，用其净重和所取萃取液与总萃取液的体积比计算样品中的 TEO。要注意由于部分萃取液被消耗用于测定样品中的 TEO，故最后在计算目标化合物在样品中的浓度时要作相应的修正。

2.2.4 气体样品的采集与萃取

在气体样品多氯联苯分析中样品采集是将气体样品中的多氯联苯从气样中分离、收集到过滤材料上，而样品萃取是用溶剂将过滤材质上收集的多氯联苯用溶剂萃取出来。气体样品的采集是通过气泵使一定体积的气体样品通过过滤材质，将样品中的多氯联苯蒸气连同气体中吸附有多氯联苯的悬浮颗粒一同捕集到过滤材质中。过滤材质通常由两部分组成：玻璃纤维滤膜及亲脂性吸附材料。前者截获气样中的悬浮颗粒，后者截获气样中的多氯联苯分子。亲脂吸附材料一般用聚氨酯泡沫海绵体。海绵体的形状取决于萃取时所使用的索氏萃取器萃取室的尺寸。当使用传统的玻璃索氏萃取装置时，海绵体是长 45 cm、直径 6 cm 的圆柱，将其塞入尺寸相似、底部装有不锈钢网的玻璃筒中。图 2-1 是空气取样器吸附材质部分的示意图。如图 2-1 所示，气体样品首先通过滤膜，然后通过亲脂性吸附材料填充的吸附柱。聚氨酯泡沫海绵体可反复使用。在首次使用前要用丙酮按样品索氏萃取时的相同程序进行彻底清洗，再次使用前则可使用萃取样品时所用的相同溶剂用索氏萃取进行清洗。清洗后的吸附材质要经真空干燥，彻底去除溶剂后方可使用。

在气体样品多氯联苯分析中，目标化合物要从滤膜及吸附材质上萃取下来，为了萃取完全，萃取效率必须很高，同时，由于吸附材质的限制，萃取不宜在高温下进行，因此目前只有索氏萃取最适合。采样后的玻璃纤维滤膜及吸附材料放一起用索氏萃取装置按前面所述方法进行萃取。萃取溶剂使用含 10%乙醚的正己烷。萃取前依分析项目的要求按表 2-4 将多氯联苯回收率指示物（替代标准物）加到吸附材料中。空白样及实验室控制样用未经采样的滤膜及吸附材质按表 2-4 掺入适当的回收率指示标准溶液（替代标准溶液）及目标物标准溶液制备，并用与样品萃取完全相同的方法进行萃取。萃取液经浓缩定容至 10 mL 后进行净化。

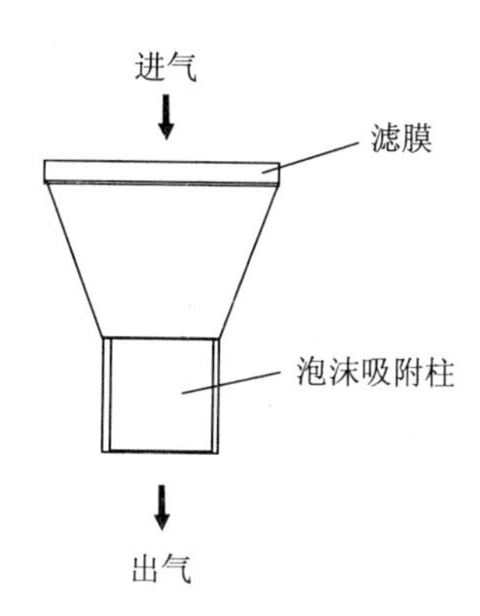

图 2-1　空气取样器吸附材质部分示意图

表 2-4　气体样品萃取 PCB 替代标准物及目标物标准溶液加入量

分析项目	替代标准物溶液	目标物标准溶液	所有样品	空白加标及样品加标
			替代物标准溶液加入量/mL	目标物标准溶液加入量/mL
Aroclor 产品	四氯间二甲苯和十氯联苯的丙酮溶液各 0.5 mg/L	Aroclor 1016 和 Aroclor 1260 的丙酮混合溶液各 5 mg/L	0.2	0.5
PCB 单体	二溴八氟联苯（DBOFB）和八氯萘甲醇溶液（OCN）各 0.5 mg/L	所有单体目标物的甲醇混合溶液各 0.5 mg/L	0.1	0.1
PCB 共面体*	同上	同上	0.1	0.1
PCB 同氯异构体	二溴八氟联苯（DBOFB）和八氯萘甲醇溶液（OCN）各 10 mg/L	PCB 同氯异构体校准标样甲醇混合溶液各 10 mg/L**	0.05	0.05

* PCB 共面体样品制备第一步与单体同时进行，替代标准物包含在单体替代标准物中，内标物在共面体与非共面体分离后加入。详见共面体分析部分。

** 包含：PCB1，PCB5，PCB29，PCB50，PCB87，PCB154，PCB188，PCB200 及 PCB209 九个单体。

2.3　萃取液的净化

萃取完成后，萃取液还需经进一步的净化和浓缩，才能直接注入仪器进行分析。前面提到过对多氯联苯的分析往往要求较低的检出限，样品中存在的大量有机物，尤其是生物样品及沉积物样品的大量类脂化合物在样品萃取过程中同多氯联苯一同从样品转入萃取液，不将这些有机物分离掉多氯联苯的分析将无法进行。分离了类脂化合物后，萃取液中仍会含有其他亲脂性较强的半挥发性有机化合物，例如在电子捕获检测器上同样有强烈响应的有机氯农药，实验室中大量存在的酞酸酯类化合物也会严重干扰 PCB 分析。它们也必须在进仪器分析前从萃取液中清除掉。所幸的是多氯联苯强烈的非极性、很高的化学稳定性及较高的沸点为净化提供了许多可行的选择。液相色谱分离技术，如使用硅胶、氧化铝、佛罗里达硅藻土及其他吸附剂为柱填料的吸附色谱和凝胶渗透色谱，以及化学氧化等技术都被广泛运用到多氯联苯萃取液的分离、净化中。要根据实际样品基质的情况决定采用何种净化措施。对于饮用水、地下水含有机质少的单纯基质简单的净化措施就能满足要求，有时甚至不需净化就可直接分析，例如采用微萃取方法分析饮用水时。相反，对于复杂基质的样品，如底泥及生物样品，由于大量的有机干扰物与 PCB 同时萃取出来，对于萃取的净化要求就很高，尤其是生物样品往往要联合运用几种不同的净化措施才能满足 PCB 分析的要求。本节按照不同基质的样品介绍萃取液的净化技术。

2.3.1 水样萃取液的净化

水样用二氯甲烷萃取所获得的萃取液除含有多氯联苯目标化合物外还含有水中大部分的半挥发性有机化合物，其中中性的半挥发有机化合物同 PCB 一样被全部转入萃取液中。这些化合物，尤其是在 ECD 检测器上响应强烈的有机氯及有机磷杀虫剂会严重干扰 PCB 分析。去除这些干扰物最简便的方法是用强氧化剂将它们分解而与稳定的多氯联苯分开。具体步骤是将二氯甲烷萃取液用经 400℃烘烤 4 h 的无水硫酸钠干燥、浓缩后加入 10 mL 正己烷，再进一步浓缩至 1 mL 完成二氯甲烷至正己烷的溶剂交换。加入 5 mL 体积比为 1∶1 的硫酸溶液，振荡混合，静置。相分离后，若上层有机层清澈无色则可继续进行高锰酸钾净化，若萃取液带色或混浊，将硫酸层转移、弃去，重复用硫酸溶液处理一次，静置分层。将正己烷层分出（注意不要带入酸），另用 1 mL 正己烷洗涤酸相，保证多氯联苯的定量转移。将正己烷合并，再加入 5%高锰酸钾水溶液 5 mL 振荡混合，静置。分层后将正己烷相分出，并另用 1 mL 正己烷洗涤高锰酸钾溶液相，保证多氯联苯的定量转移，将正己烷合并。此时正己烷溶液应清澈透明。按表 2-5 根据方法需要加入内标物并最后定容至 1 mL。

虽然硫酸、高锰酸钾能有效去除大多数干扰物，但对于某些稳定的氯代碳氢化合物却作用不大，这些化合物经处理后仍会残留于萃取液中。因此在特殊情况下若发现萃取液经净化后仍存在干扰物则需采取进一步的净化措施。最有效的就是用硅胶柱进行净化，彻底去除提取液中残留的有机氯农药。具体做法是将市售的1 g硅胶固相萃取小柱用正己烷活化，使浓缩至2 mL以下的正己烷萃取液过柱，再另用5 mL正己烷将多氯联苯洗脱液与氯代碳氢化合物分离（详见EPA方法3630c）。

2.3.2　固体样品萃取液的净化

常见的固体样品主要是土壤及沉积物样品。通常这些样品中含大量的有机物质，尤其是大分子有机物，它们会随PCB及其他半挥发性有机物一起进入萃取液。这些大分子有机物对分析仪器极为有害，若进入气相色谱毛细柱会立即破坏柱效，严重时一次进样即会将分析柱完全破坏。因此，在对固体样品进行净化时首先就是要将萃取液中的大分子有机物去掉。

去除大分子有机物最有效的手段就是凝胶渗透色谱（gel permeation chromatography, GPC），亦称筛析色谱，是液相色谱的一种。它由压力泵、色谱柱、自动进样器及流分接收器组成，根据化合物分子的大小或分子量进行分离。色谱柱由多孔的亲脂性的硅胶填充，其孔径大于目标化合物的分子，当含目标化合物及大分子干扰物的萃取液进入柱中进行色谱分离时，分子大于硅胶孔径①的化合物不被填充物所滞留，随移动相迅速通过柱子，而分子量小的化合物则进入填充物孔中，延长了在柱中的保留时间，保留时间随分子量的减小而增长。故利用GPC可将样品中能被有机溶剂萃取的大分子有机化合物，如树脂、聚合物、蛋白质、生物体降解产生的类脂化合物等从萃取液中除去。GPC仪器根据其所使用的填充柱不同，分为低压GPC及高压GPC。低压柱是在常压下将填料填于玻璃柱中，当移动相流速在5 mL/min时其工作压力在10个大气压以内。低压柱可在实验室自行填制，填料事先要在溶剂（一般是二氯甲烷）中充分浸泡，填柱时要保证有足够的溶剂，避免填料干燥，否则会出现死体积，降低柱效。美国EPA推荐使用的填料为Biobead-SX3树脂。净化一个样品约需45 min，但若采用50%的SX3与50%的SX4混合，则净化时间可缩短到30 min。使用低压GPC柱的最大优点是色谱柱成本低，对泵的要求也低。另一类柱是市售的制备型高效GPC柱，其工作压力在150～200个大气压，其特点是效率高，净化一个样品仅需20 min，降低了溶剂耗量。但色谱柱昂贵，对泵的要求亦高，维修费用很贵。为延长高效分离柱的使用寿命要在柱前加预柱，以保护主分离柱。GPC仪器的核心是色谱柱及压力泵，样品中不溶性的微小颗粒对系统的危害很大，因此进样前萃取液一定要经过0.47 μm的滤膜过滤，流动相溶剂除脱气外亦需过滤。GPC在使用前必须经过严格校准，确定PCB目标化合物的流出时间段，

① 分子大小与分子量的大小是两个概念，前者强调体积形态，后者强调质量，GPC过程中本质是分子的体积形态，但对有机化合物而言，主要由碳原子及氢原子组成，分子大小与分子量的大小是一致的：质量大的体积也大，故通常谈论时并不严格区分。

以确保收集流分时不损失目标化合物。

分析 PCB 的固体样品二氯甲烷萃取液经由无水硫酸钠干燥，并经 0.47 μm 的滤膜过滤后，定容至 10 mL，萃取液转入 GPC 样品瓶中由自动进样器自动吸取 5 mL 进柱分离。按照预先校准好的十氯联苯至联苯的流出时间收集样品。应当注意，由于进样器的局限只有一半萃取液能进柱分离，造成检出灵敏度降低。为减少样品损失可降低萃取液的定容体积，例如定容至 7 mL，进样量不变，仍为 5 mL。另外减小净化完成后的最终体积亦是提高检出灵敏度的一种手段。在计算样品最终浓度时要根据进样前的最终体积，对进样体积进行修正（详见美国 EPA 方法 3640）。

萃取液经 GPC 净化后除 PCB 目标化合物外仍含大量半挥发性有机物，包括碱性，如胺类；酸性，如酚类及中性，如多环芳烃和各种杀虫剂等。去除这些干扰物质可采用上面讲述的水样萃取物净化法，首先将 GPC 净化后的二氯甲烷萃取液浓缩，并转化溶剂成正己烷，再进一步浓缩至 1 mL 后用硫酸及高锰酸钾氧化去掉除少数稳定氯代烷烃以外的绝大多数半挥发性有机物，然后再用市售硅胶萃取小柱将氯代烃类化合物分离出去。净化后的最终溶液按表 2-5 加入内标物，定容至 1 mL 后进仪器分析。若欲提高检出灵敏度则可定容至 0.5 mL，但此时应加入的内标物亦应减半，以维持内标物在萃取液中的浓度与校准用标准溶液中内标物的浓度一致。

有时为节约开支，项目允许将多氯联苯与有机氯杀虫剂同时分析，在此情况下可将 GPC 净化后的萃取液用市售的 1 g 佛罗里达硅藻土（Florisil）小柱进行进一步净化。佛罗里达硅藻土是多孔的硅酸镁颗粒，其极性强于硅胶。市售的含 0.5～2 g 的佛罗里达硅藻土净化管是最常用的分析杀虫剂及多氯联苯的净化手段，可以有效去除干扰杀虫剂及多氯联苯分析的极性有机化合物。将经 GPC 净化后的二氯甲烷萃取液浓缩，并将溶剂转化为正己烷，再浓缩至 1 mL 后进入经正己烷活化处理过的 1 g 佛罗里达硅藻土小柱，用 5 mL 正己烷-丙酮混合溶剂（9∶1）洗脱。洗脱液浓缩去除丙酮后加内标物，用正己烷定容至 1 mL 进仪器分析。

土样中，尤其是沉积物样品中常含有大量的、以多原子聚合状存在的单质硫，它的极性与有机氯杀虫剂近似，故在萃取过程中同多氯联苯及有机氯杀虫剂一块进入萃取液中。样品中的单质硫有多种异构体，GPC 净化过程只能有效去除低原子数及高原子数的单质硫，一部分单质硫在 GPC 净化后仍存在于萃取液中。部分多原子单质硫在气相色谱过程中分解，在色谱图形成不规则的宽峰，严重干扰目标化合物检出，因此若发现样品中含硫应在进样前进行除硫。将用稀硝酸活化处理过的铜粉加入到萃取液中，振荡，单质硫在铜粉表面反应生成硫化铜而离开萃取液（详见美国 EPA 方法 3660）。

2.3.3 生物样品萃取液的净化[①]

生物样品除水分外几乎百分之百是有机物质，在激烈的萃取过程中除原来就能被萃取出来的物质外，大分子的细胞组织也被破坏而进入萃取液，因而萃取液的净化任务就很艰巨，需要多种技术结合才能完成。通常要运用到硅胶柱净化、GPC 净化、硫酸高锰酸钾氧化及硅胶小柱净化或佛罗里达硅藻土小柱净化。

2.3.3.1 硅胶柱净化

生物样品萃取液中含大量类脂化合物，由于这些干扰物量很大，不能直接一步靠 GPC 去除，否则会造成 GPC 柱过载，故一般采用硅胶柱或氧化铝柱进行预分离。硅胶柱色谱性能稳定，属于首选。市售的硅胶小柱由于容量较小亦不适宜，而需采用自填的传统硅胶柱。柱子采用内径 2.5 cm，长 30 cm，下具聚四氟乙烯活塞的玻璃柱；填柱的硅胶为 100～200 目，在 170℃烘 24 h 后按 3.3%重量比加入水去活化。层析柱依次填入玻璃棉、2 cm 厚的无水硫酸钠、15～20 g 硅胶和 2 cm 厚无水硫酸钠，柱子装好后用 50 mL 二氯甲烷淋洗 2 次，将去除了用于测定 TEO 部分的样品萃取液转移入柱内；再以 5～10 mL/min 流速接收流出液，用 5 mL 二氯甲烷淋洗萃取液瓶 3 次，淋洗液转移到层析柱内，用二氯甲烷洗脱层析柱，使最终接收流出液为 200 mL 左右。在整个过程中要确保溶剂液面保持在上部硫酸钠表面以上，不能流干。洗脱液转移至浓缩瓶中，浓缩并准确定容至 10 mL。硅胶柱净化过程去除了大部分极性类脂物质，为后续的净化步骤打下了基础。应当注意，这里萃取液在进硅胶柱之前并不需要进行溶剂转换，而是直接将二氯甲烷萃取液进柱。这是因为这只是一步初级分离，目的是去除极性较强的有机物。这与后面更精细的分离是不同的。

2.3.3.2 凝胶色谱（GPC）净化

经硅胶柱净化后的萃取液用 0.45 μm 滤膜过滤，取 5 mL 进行凝胶色谱净化，进一步净化除去亲脂性大分子物质。按事先校准好的程序收集多氯联苯的流分，经过净化的提取液浓缩至 1 mL，加 10 mL 正己烷继续浓缩进行溶剂转换，最后定容至 1 mL。此时萃取液中所剩的干扰物主要为杀虫剂及其他中性的半挥发性有机物。

2.3.3.3 硫酸高锰酸钾氧化净化及硅胶柱净化

按 2.3.2 中所述，经 GPC 净化及溶剂转化后的正己烷萃取液用硫酸及高锰酸钾氧化

① 生物样品净化步骤源自作者实验室操作程序。

去除大部分半挥发性干扰物。再进一步用市售的 1 g 硅胶固相萃取小柱将萃取液中残留的稳定的氯代烃类杀虫剂与多氯联苯目标化合物分开。净化后的正己烷萃取液掺入内标物，最终定容于 1 mL，进仪器分析。

2.3.4 气体样品萃取液的净化

气体样品萃取液所含的干扰物主要是半挥发性有机物，采用氧化及硅胶柱结合的方式可有效去除干扰物。首先将乙醚-正己烷萃取液浓缩，去除乙醚，再进一步浓缩至 1 mL 后用硫酸及高锰酸钾氧化去掉除少数稳定氯代烷烃以外的绝大多数半挥发性有机物，然后再用市售硅胶萃取小柱分离掉氯代烃类化合物。净化后的最终溶液按表 2-5 加入内标物，定容至 1 mL 后进仪器分析（详见 2.3.2 所述）。

表 2-5 萃取液中 PCB 内标物溶液加入量

分析项目	内标物溶液	内标物溶液加入量/μL
Aroclor 产品	1-溴-2-硝基苯的正己烷溶液 40 μg/mL	10
PCB 单体	同上	5
PCB 共面体*	见注	见注
PCB 同氯异构体	Phenanthrene-d10 和 chrysene-d12 正己烷溶液 100 μg/mL（ppm）	10

* PCB 共面体样品制备第一步与单体同时进行，替代标准物包含在单体替代标准物中，但内标物在共面体与非共面体分离后加入。详见 3.4 共面体分析部分。

2.3.5 废弃油样品前处理

一般来讲，废弃油样品可直接用正己烷高倍稀释后进样分析。可先将 10 μL 样品加入到 10 mL 正己烷内，用 1 μL 稀释样品进 GC 分析检查稀释倍数是否合适，若不合适调节后再试。若合适，取 1 mL 稀释样加入内标物进行分析。应当注意，在试分析时若发现目标化合物受杂峰干扰，则应取定量的稀释液用硫酸高锰酸钾净化后再用硅胶小柱或佛罗里达硅藻土小柱净化；若发现色谱图基线明显增高，这说明有分子量大的碳氢化合物存在于样品中，在此情况下应采用 GPC 进行净化。分子量大的化合物进入色谱系统将滞留于色谱系统中而使其分离效率大大降低。为减少大分子化合物对色谱系统的损害，初试时应采用分流进样，并且进样量不得多于 1 μL。

参考文献

[1] 美国 EPA 标准分析方法 3500 有机化合物萃取及样品制备.

[2] 美国 EPA 标准分析方法 3510c 分液漏斗液液萃取.

[3] 美国 EPA 标准分析方法 3511 水中有机物微萃取.

[4] 美国 EPA 标准分析方法 3535a 固相萃取.

[5] 美国 EPA 标准分析方法 3540c 索氏萃取.

[6] 美国 EPA 标准分析方法 3541 自动索氏萃取.

[7] 美国 EPA 标准分析方法 3545a 压力溶剂萃取.

[8] 美国 EPA 标准分析方法 3546 微波萃取.

[9] 美国 EPA 标准分析方法 3550b 超声波萃取.

[10] 美国 EPA 标准分析方法 3600c 净化.

[11] 美国 EPA 标准分析方法 3620b 硅酸镁净化.

[12] 美国 EPA 标准分析方法 3630c 硅胶净化.

[13] 美国 EPA 标准分析方法 3640a 凝胶渗透净化.

[14] 美国 EPA 标准分析方法 3660b 硫净化.

[15] 美国 EPA 标准分析方法 3665a 硫酸/高锰酸钾净化.

[16] 美国 EPA 标准分析方法 TO-9 空气中多氯、多溴及氯/溴代二苯并二噁英及二苯并呋喃的测定.

[17] 美国 EPA 标准分析方法 TO-10 用小体积聚氨酯泡沫塑料取样及气相色谱/多检测器测定空气中杀虫剂及多氯联苯.

第三章　多氯联苯仪器分析

3.1　概述

根据项目的需要，多氯联苯的分析包括商品混合物、单体、共面体及同氯异构体分析。最常用的分析仪器是配电子捕获检测器的气相色谱仪（GC-ECD）及配质谱检测器的气相色谱仪（GC-MS）。前者灵敏度高但检测器不提供结构信息，只能靠保留时间定性；后者灵敏度低于前者约两个数量级，但能提供分子结构信息，加上保留值能得到十分准确的定性。故在实际运用中通常使用 GC-ECD 进行分析，当目标物浓度大于一定范围时再用 GC-MS 进行核证。同氯异构体分析中目标化合物是按多氯联苯分子中的氯原子进行分类的，只能用能提供结构信息的仪器，即 GC-MS 进行分析。使用选择离子检测模式能将 GC-MS 的灵敏度大大提高，尤其是对于离子阱质谱检测器，其灵敏度可达到与 ECD 相当的水平。使用 GC-MS 选择离子检测分析 PCB 还可大大避免其他物质的干扰，使数据更加准确。

多氯联苯包括 209 个单体，众多的单体存在使得分离效率成了仪器分析中的关键，尤其是在分析单体及共面体时。上述 GC-ECD 及 GC-MS 之所以能使多氯联苯单体分析成为环境分析的常规项目是得益于 20 世纪 80 年代发展起来的高分辨率毛细管气相色谱技术。近 20 年来毛细管色谱柱不断得到改善，在柱效提高的同时，柱子的稳定性也不断得到改善，加之现代气相色谱仪对温度及气流的精确控制，使多氯联苯分析的特殊需要得到充分满足。技术人员要抓住分离效率这个关键，优化仪器工作条件，以达到最佳分离效率。色谱分离效果越好越能降低干扰物的影响，也越能准确地对单体定性，使数据质量得以保证，尤其是对于只能靠保留值定性的 GC-ECD。为保证定性、定量准确，当使用 GC-ECD 分析多氯联苯时要采用双柱系统，以相互验证数据结果，在选择柱子时既要强调柱子的分离效率，也要注意两柱间有足够的差异，使得验证更为可靠。

任何分析仪器在使用前要做好校准工作，建立标准曲线，分析样品时的仪器条件要与建立标准曲线时一致，在分析样品之前必须先验证标准曲线的有效性，在样品分析结束后还应当再检验一次标准曲线的有效性，以确保所有样品的分析都是在仪器条件满足标准曲线的情况下进行的。样品萃取液中目标化合物的浓度应在标准曲线的线性范围内，高于线性范围的要稀释后再分析。分析过程中要注意来自仪器的污染，尤其是高浓度样品造成的残余污染。若高浓度样品后继样品中有相同目标化合物检出，则要重复分析后继样品，以确定检出物是否来自前样品污染。最好在自动进样器上装样时，每个样品后都插进一个空白溶剂样对系统进行清洁，这可大大降低样品的残留污染。

分析多氯联苯需要色谱系统保持很高的分辨率，任何杂质在进样器或分析色谱柱中的聚集都会大大损害系统的分离效果。由于分析多氯联苯的样品萃取液是半挥发性有机污染物分析中净化得最彻底的样品萃取液，其基质单纯，正常情况下为仅含中性的非极性半挥发性化合物的正己烷溶液，进样后不会对色谱仪器系统造成损害，即使进了浓度高、可产生残余污染的样品，只要跟进一个纯溶剂样就可消除残留污染。对色谱系统造成损害的主要是极性物质，如酸性及碱性的有机物，尤其是一些残留在萃取液中的分子较大的极性有机物，它们会在进样器及色谱柱内壁产生不可逆吸附，残留于系统内致使系统分辨率降低。因此有条件的实验室应将分析多氯联苯及有机氯杀虫剂的仪器专用，尽量避免含极性半挥发性物质的萃取液进入其中，以保持色谱系统的高分辨率，延长昂贵的色谱柱的寿命。

3.2　多氯联苯商品混合物分析

3.2.1　方法概述

前面提过多氯联苯商品随产地及用途不同有多种名称，本书仅讲述产量最大的美国Monsanto的多氯联苯产品Aroclor的分析方法。登记入册的Aroclor共16种，见表3-1。前面7种，即：Aroclor 1016，Aroclor 1221，Aroclor 1232，Aroclor 1242，Aroclor 1248，Aroclor 1254和Aroclor 1260最常见，是一般Aroclor 商品混合物分析中所规定的目标化合物。

表3-1　多氯联苯商品Aroclor

序号	化合物	CAS 登记号
1	Aroclor 1016	12674-11-2
2	Aroclor 1221	11104-28-2
3	Aroclor 1232	11141-16-5
4	Aroclor 1242	53469-21-9
5	Aroclor 1248	12672-29-6
6	Aroclor 1254	11097-69-1
7	Aroclor 1260	11096-82-5
8	Aroclor 1210	147601-87-4
9	Aroclor 1216	151820-27-8

序号	化合物	CAS 登记号
10	Aroclor 1231	37234-40-5
11	Aroclor 1232	11141-16-5
12	Aroclor 1240	71328-89-7
13	Aroclor 1250	165245-51-2
14	Aroclor 1252	89577-78-6
15	Aroclor 1262	37324-23-5
16	Aroclor 1268	11100-79-2

分析商品多氯联苯（Aroclor）通常用 GC-ECD 仪器。由于各个商品混合物的单体组分不同，每个混合物在同样的色谱柱上都有其独特的色谱指纹图，它们各自的色谱指纹特征就是定性分析的依据。

由于每个 Aroclor 都由许多单体组成，而且样品中的 Aroclor 经历风化，其指纹图不可能与标准完全一致，用单一峰进行定量会产生很大误差；又由于不同 Aroclor 会有重复、重叠的成分，加之色谱图中可能存在其他杂质峰的干扰，因而也不能用某时间段的总峰面积进行定量。在分析的实际操作中定量时是选用四个以上的特征峰分别为同一 Aroclor 进行定量，用外标法或内标法建立标准曲线，以每个峰的面积对该目标 Aroclor 的浓度计算每个峰的响应因子及平均响应因子，并以之计算各峰所对应的该目标 Aroclor 在样品中的浓度，将各峰对应浓度的平均值作为分析结果。这样可大大降低定量误差。与定性相似，用不同类型的色谱柱对数据进行验证是很重要的。如果灵敏度能够满足要求，也可使用气相色谱-质谱验证。

3.2.2 仪器设置及性能检验

仪器设置：GC-ECD 是分析最常用的仪器。最佳配置是分流/不分流进样器、双电子捕获检测器及双毛细柱系统。进样器通过预柱及 Y 管与双柱连接，再各自进入自己的检测器，两个检测器得到的信号经计算机处理同时得到两组结果，这样一次分析即可同时获得分析结果及验证结果。预柱可选用经去活化处理的、非极性的、10 m 长，内径 0.53 mm 或 0.32 mm 的石英柱，或者相同长度、内径，但内涂 0.1 μm 的 DB-1 非极性柱。涂渍有固定相的柱子比仅经去活化的柱子稳定得多，极少非可逆性吸附点，故价格虽贵，仍是笔者的首选。使用非极性的薄涂层是为确保预柱不干扰分析柱的分离效果。笔者通常买一根 60 m 的整柱分段使用。预柱在使用过程中可以不断截短，去除前部由于高沸点化合物滞留产生的不可逆吸附点，从而保障系统的分辨率不致衰退。一般当发现峰型拖尾，或仪器检验不合格，去除 30～40 cm 的预柱可使问题得到纠正。使用较长的预柱可增加修复的次数，从而延长价格不菲的 Y 管的使用寿命，然而过长的预柱使系统的死体积增大，降低分离效率，故通常起始时预柱不宜超过 10 m 长。

分析柱通常选用 30 m 长、内径 0.25 mm、膜厚 0.25～0.5 μm 的窄口径毛细柱。两柱分别为 DB-5（5%二苯基、1%乙烯基、94%二甲基聚硅氧烷）及 DB-1701（14%氰丙基甲基聚硅氧烷）或 DB-35（35%苯基甲基聚硅氧烷）。分析多氯联苯商品混合物对柱子的要求不苛刻，只要两柱极性有一定差别即可。使用窄口径柱的优点是分辨率高，峰型窄，目标物浓度低时也可获得较好的峰，便于定性、定量。载气选用氢或氦气，尾吹气使用氮气或含 5%甲烷的氩气，分析进样量 1～2 μL。色谱过程采用脉冲压力进样、恒流、程序升温，以获得高分辨率，缩短分析时间。一个样的分析时间在 25 min 以内。色谱条件必须保证多氯联苯最后一个单体 PCB209 析出①。若采用近些年兴起的、内径只有 0.1 mm 的快速分离色谱柱，由于色谱柱分辨率高，可大大缩短色谱分离时间而不影响分离效率，分析一个样的时间可缩短在 10 min 以内。采用小口径柱是提高色谱分析实验室效率的有效措施之一。小口径柱容量低，使用时应适当减少进样量。

仪器性能检验：首先是优化色谱条件，查看质量浓度为 2.5 mg/L 的 Aroclor 1016 及 Aroclor 1260 混合标准溶液的色谱峰型，确保这两个混合物峰型完整、对称，尖端不分裂、不拖尾，各组分峰分离良好，保留时间稳定，而且所有峰能在可接受的时间范围内析出；同时要检查检测器响应值是否正常、稳定，色谱基线噪声及漂移是否在允许范围内。仪器故障（如进样器中或色谱柱中存在由污染物形成的不可逆吸附点、色谱柱老化、固定相流失、系统泄漏、检测器污染、尾吹气不稳等）及色谱条件不当（如进样器温度过低、进样量过大、程序升温不正确、载气流速不合理、检测器工作气体比例不正确等），是使色谱图不能满足要求的主要原因。出现问题时技术人员可按上述思路去排除故障。应当注意，在双柱系统中将预柱与分析柱连接的 Y 管是最容易出问题的部位，杂质易在 Y 管残留形成不可逆吸附点，色谱柱与 Y 管连接不善极易在升温过程中产生泄漏。连接 Y 管的技术关键是毛细柱的切口必须整齐、完美。毛细柱压入 Y 管要一次成功，切不可拔出再压，重复压入的结合部很难避免泄漏。

Aroclor 1016 包含有一氯至四氯代单体，而 Aroclor 1260 包含有四氯至九氯的单体，二者出峰一前一后互不干扰，出峰范围覆盖了所有 Aroclor 目标化合物的出峰范围。只要能同时获得二者良好的峰型，就能保证所有其他 Aroclor 都能获得良好峰型，这是做好定性分析的前提。

3.2.3 样品分析

3.2.3.1 建立多氯联苯商品混合物指纹图库

色谱条件确定后依次用质量浓度为 2.5 mg/L 的各目标 Aroclor 进样，以获得作为

① 十氯联苯在分析中用做替代标准物，多氯联苯产品混合物中不含十氯联苯。

定性依据的各标准指纹图。图 3-1 为 Aroclor 1016 及 Aroclor 1260 混合标样分别在 DB-5 及 DB-35 柱上的色谱指纹图。图 3-2（1）～（5）是各目标物分别在 DB-5 柱的色谱指纹图。将样品萃取液色谱图与标准物指纹图对照进行定性。当样品中含有一种以上多氯联苯混合物时，或有机氯杀虫剂干扰时将使定性变得困难；尤其是不同样品中的同种多氯联苯混合物由于各自所经历的风化过程不同，其指纹特征与标准物的指纹特征会产生不同的差异更增加了定性的困难；在低浓度时指纹特征不明显亦会使定性不易进行。在这些情况下技术人员要格外仔细，否则很容易出错，造成漏检或误检。使用不同类型的毛细柱对指纹特征进行验证可以大大降低可能出现的定性错误。技术人员要在实践中不断积累经验，提高指纹鉴别能力。一个很好的途径是分析权威机构由实际污染样品制备的标准参照物，将自己分析的结果与标准结果对照，找出差距，总结经验。图 3-3 是一低浓度水样中的多氯联苯在 DB-5 柱上的色谱图，由于浓度较低其特征不很明显，但仔细辨认仍不难定性为 Aroclor 1254。当样品中同时存在不同种类的 Aroclor 时，可运用数据处理软件中的两图重叠对照功能，将样品图与标准图逐一比较，用排除法检查样品中所有的峰。在这种情况下必须注意样品分析的色谱条件要与标准物分析时完全一致。

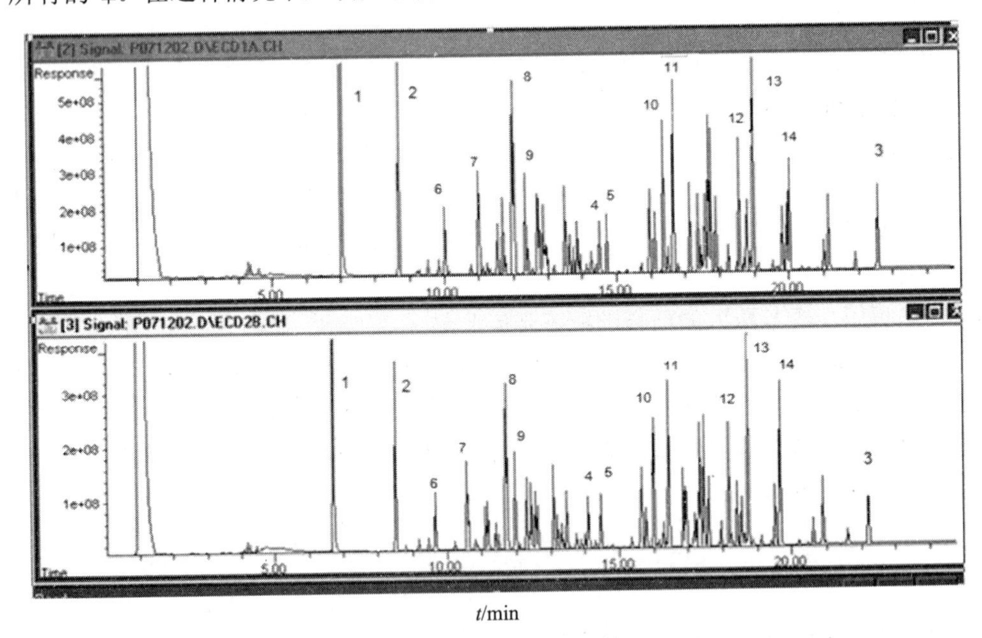

图 3-1　Aroclor 1016 及 Aroclor 1260 色谱指纹图

注：峰 1 为内标物对硝基溴苯，峰 2、峰 3 为替代标准物，分别为四氯二甲苯及十氯联苯。色谱条件：GC-ECD GC-ECD 双柱系统，DB-5 和 DB-35 30 m × 0.25 mm × 0.25 mm，程序升温 50℃（保持 3 min），50℃/min 升至 165℃（保持 5 min），5℃/min 升至 240℃（保持 0 min），30℃/min 升至 300℃（保持 2 min）；无分流进样 1 μL；尾吹气 N_2。

（1）Aroclor 1221

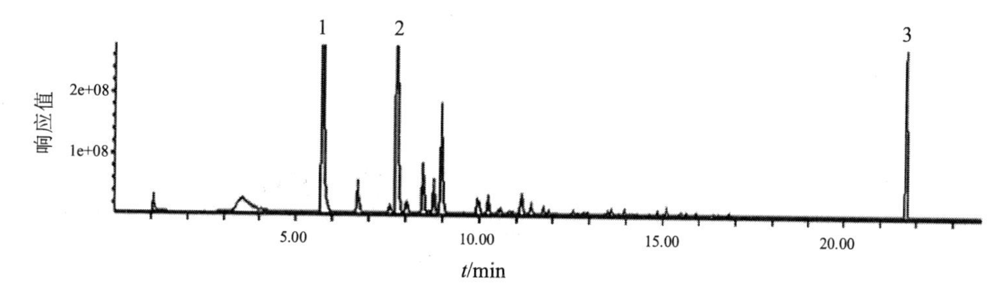

（2）Aroclor 1232

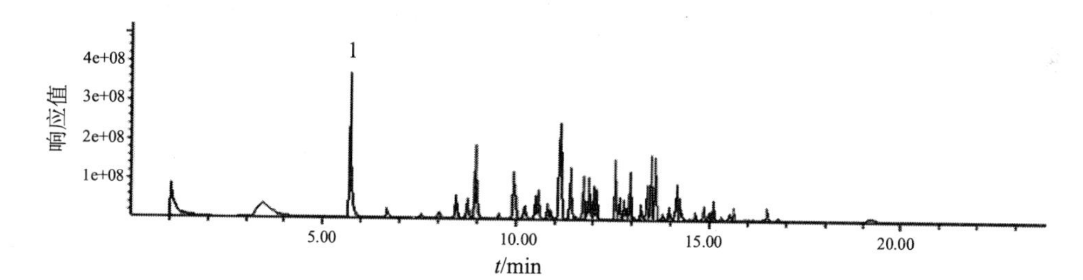

（3）Aroclor 1242

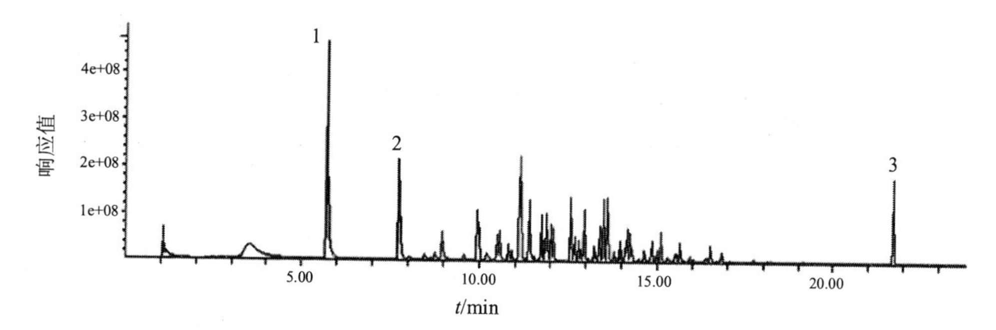

（4）Aroclor 1248

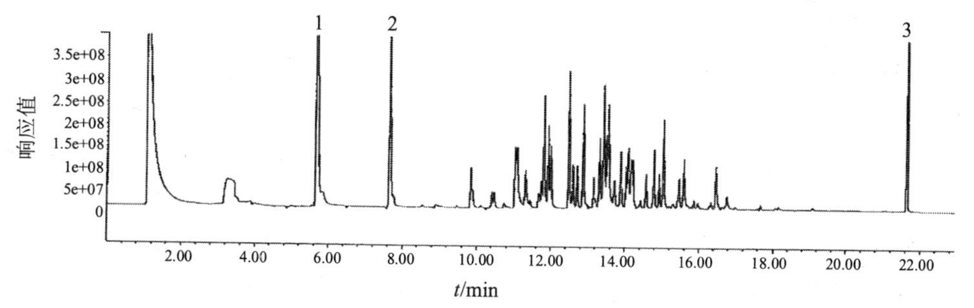

（5）Aroclor 1254

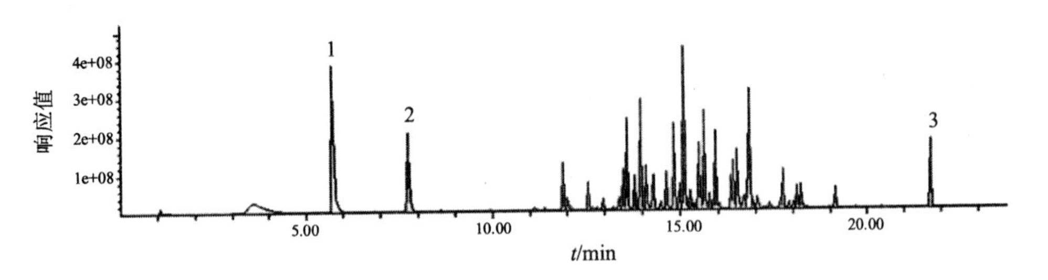

图 3-2 Aroclor 色谱指纹图

注：峰 1 为内标物对硝基溴苯，峰 2、峰 3 为替代标准物，分别为四氯二甲苯及十氯联苯。GCECD 双柱系统，色谱条件见图 3-1。

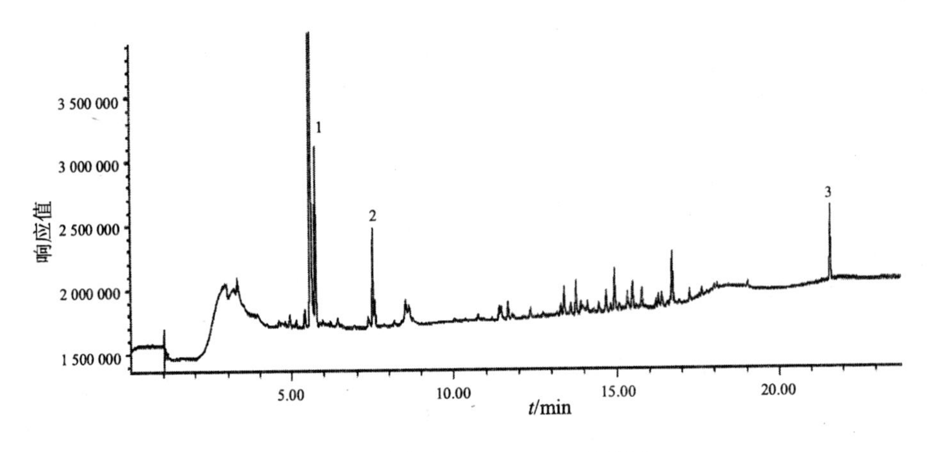

图 3-3 水样中 Aroclor 色谱指纹图

注：峰 1 为内标物对硝基溴苯，峰 2、峰 3 为替代标准物，分别为四氯二甲苯及十氯联苯。GCECD 双柱系统，色谱条件见图 3-1。

3.2.3.2 标准曲线的建立

前面讲过，多氯联苯产品的定量是选择 4 个以上特征峰，以它们各自的峰面积与混合物的总量做相关曲线，最后以各峰相应的浓度的平均值作为混合物的浓度。在建立标准曲线前，以中间质量浓度（2.5 μg/mL）的各 Aroclor 标样进气相色谱，得到各 Aroclor 产品的色谱指纹图，作为定性分析的依据（图 3-1 和图 3-2）。由于分析对象是多组分的混合物，样品中目标化合物经历风化，故标准样品与实际样品中的特征峰在各自混合物中所占比例不可能完全一致，与纯化合物分析相比，定量分析有较大误差。为简化操作，

Aroclor 产品分析只做 Aroclor 1016 及 Aroclor 1260 的标准曲线用以检查仪器的线性范围。当二者都符合线性范围时则认为其他各产品化合物亦符合各自的线性范围，从而在计算各 PCB 产品浓度时采取单点定量方式。

Aroclor 1016 及 Aroclor 1260 的校准曲线由 6 个质量浓度分别为 0.25 μg/mL、0.5 μg/mL、1.0 μg/mL、2.5 μg/mL、5.0 μg/mL 及 10 μg/mL 的混合标准溶液建立。各级标准溶液中另含替代标准物四氯间二甲苯（TCX）及十氯联苯（DCB），质量浓度依次为 20 ng/mL、40 ng/mL、100 ng/mL、200 ng/mL 及 400 ng/mL；并各含内标物 1-溴 2-硝基苯（BNB）400 ng/mL。依次进样各级标样，用预先选好的特征峰计算特征峰的相对响应因子。以笔者实验室数据为例，Aroclor 1016 共选四个特征峰，即峰 6、峰 7、峰 8 及峰 9；Aroclor 1260 共选五个特征峰，即峰 10、峰 11、峰 12、峰 13 及峰 14（图 3-1）。应当注意图 3-1 中的峰 4 及峰 5 是属于 Aroclor 1260 而不是 Aroclor 1016。由每级标准溶液的浓度、各个特征峰及内标物的响应值计算特征峰 j 的相对响应因子 RF_j：

$$RF_j = \frac{A_s \times \rho_{is}}{A_{is} \times \rho_s}$$

式中：A_s——特征峰 j 的峰面积；

A_{is}——标样中内标物的峰面积；

ρ_s——多氯联苯商品混合物在标样中的质量浓度，ng/mL；

ρ_{is}——内标物在标样中的质量浓度，ng/mL。

由各个特征峰在每级浓度的相对响应值建立校准曲线。这样每个特征峰都能建立一根标准曲线。Aroclor 1016 有四个特征峰，故可建立四根校准曲线，而 Aroclor 1260 可建五根。每一根校准曲线都代表了所对应的特征峰的峰面积与该 Aroclor 的浓度关系。利用每一组相对响应因子的相对标准偏差 RSD_j 评价该校准曲线的线性：

$$SD_j = \sqrt{\frac{\sum_{i=1}^{n}\left(RF_{ji} - \overline{RF_j}\right)^2}{n-1}} \qquad \text{其中：} n=6$$

$$RSD_j = \frac{SD_j}{\overline{RF_j}} \times 100$$

式中：SD_j——特征峰 j 标准曲线各点的相对响应因子的标准偏差；

RF_{ji}——特征峰 j 在 i 浓度点的相对响应因子；

$\overline{RF}_j$——特征峰 j 标准曲线各点的相对响应因子的平均值；

RSD_j——特征峰 j 标准曲线各点相对响应因子的相对标准偏差。

当 Aroclor 1016 及 Aroclor 1260 的校准曲线满足线性要求，即相对标准偏差不大于

25%时，即可用单点相对响应因子 RF_j 进行各目标 Aroclor 的定量计算。各 Aroclor 单点定量用校准因子通过分析 2.5 μg/mL 的标准溶液，计算而得。

$$RF_j = \frac{A_s \times \rho_{is}}{A_{is} \times \rho_s}$$

式中：RF_j——特征峰 j 的单点相对响应因子；

A_s——特征峰 j 的峰面积；

A_{is}——标样中内标物的峰面积；

ρ_s——多氯联苯商品混合物在标样中的质量浓度，2.5 μg/mL；

ρ_{is}——内标物在标样中的质量浓度，0.4 μg/mL。

样品中目标物的质量浓度如下计算：

$$\rho_{yj} = \frac{A_{yj} \times \rho_{yi}}{A_{yi} \times RF_j}$$

$$\rho_y = \frac{(\sum_{j=1}^{n} \rho_{yj})}{n}$$

$$\rho = \frac{\rho_y \times V_y}{V} \text{或} w = \frac{1\,000 \times \rho \times V_y}{W}$$

式中：RF_j——特征峰 j 的单点相对响应因子；

A_{yj}——样品萃取液中特征峰 j 的峰面积；

A_{yi}——样品萃取液中内标物的峰面积；

ρ_{yi}——样品萃取液中内标物的质量浓度，0.4 μg/mL；

ρ_{yj}——以特征峰 j 计算的样品萃取液中多氯联苯商品混合物的质量浓度，μg/mL；

ρ_y——样品萃取液中多氯联苯商品混合物的质量浓度，μg/mL；

ρ ——样品中目标物的质量浓度，μg/L；

w ——样品中目标物的质量分数，μg/kg；

V_y——样品萃取液的体积，mL；

V——样品体积，mL；

W——样品质量，g。

3.2.3.3 定性定量分析

样品分析必须使用与建立校准曲线时相同的仪器操作条件，分析样品前要先用

Aroclor 1016 和 Aroclor 1260 中间质量浓度（2.5 μg/mL）标准溶液对校准曲线进行分析验证。指纹图应与建立标准曲线时所得的指纹图符合，保留时间窗在控制范围内；Aroclor 1016 和 Aroclor 1260 各特征峰的相对响应因子与标准曲线各特征峰的平均相对响应因子的相对差不超过±15%。每个 Aroclor 可允许一个特征峰的校准因子超出此范围，但不大于 35%。若达不到上述标准应寻找原因，排除故障，否则重新制作校准曲线。校准曲线验证合格即可将经净化、掺加内标物、定容后的萃取液进仪器分析。分析过程中每个样品间应插入一纯溶剂样，以清洁系统；每分析 10 个样品后应加分析一次 Aroclor 1016 和 Aroclor 1260 中间浓度标准溶液以对校准曲线进行验证并确保其有效。样品分析结束后要将样品色谱图与前面得到的各标准指纹图仔细对照，做初步定性，然后将初检出的 Aroclor 质量浓度 2.5 μg/mL 的标准溶液进样求各特征峰的相对响应值，并用它及样品中相对应的各特征峰计算样品中该 Aroclor 的质量浓度，每个特征峰所对应的质量浓度的平均值即该 Aroclor 的检出质量浓度。当观察到色谱指纹图中某特征峰明显受其他峰干扰时应当在计算平均值时将该峰的数值排除，或另选用其他峰代替，这样可降低干扰峰造成的误差。

当样品中存在两种或两种以上的多氯联苯商品时，定性及定量都不容易，尤其当二者浓度相差较大时。除 Aroclor 1016 和 Aroclor 1260 外，其他任何两种 Aroclor 都含有或多或少的相同单体，这给定性与定量都带来了困难。在遇到这种情况时只有格外小心，必要时应重新选择定量峰，一定要确保定量峰只来自其中一种 Aroclor。

当样品色谱图有多氯联苯峰而无法作出 Aroclor 定性时，应用 GC-MS 验证，若浓度小则用选择离子检测模式验证，验证属实若无条件进行单体分析时，应当用所得离子流色谱图与 Aroclor 产品相应的离子流色谱图对照，选择最接近的作为定性结果，并用单点定量估算结果，或用所有来自多氯联苯的峰面积总和估算总 Aroclor 含量。在报数据结果时要详细说明估算的过程。

3.2.4 方法质量控制与质量保证

方法建立后要对其性能进行检验，内容包括方法的准确度、精密度及检出限。

方法准确度及精密度的测定是分析浓度在标准曲线中间点的四个基质加标样品，将分析结果做统计处理，用平均结果与加入量相比得出的回收率表示方法的准确度，用结果的相对标准偏差表示方法的精密度。方法的检出限（Method Detection Limit，MDL）的测定是分析 7 个浓度相当于能产生信噪比为 2.5～5 的信号的掺标样品，MDL 等于结果的标准偏差乘以 3.14。由于 MDL 实际上是反映了在低浓度时方法的精密度，与真实的检测限并无直接关系，故操作人员还应分析浓度相当于标准曲线最低点的基质加标样品，以验证方法的定量检出限（Quantitative Detection Limit，QDL）或实用定量检出限

（Practical Quantitative Limit，PQL）。

应当指出上述的方法性能检验受配制加标样品的基质影响很大。尤其是固体样品分析方法，其加标基质通常采用纯净砂，甚至在评价生物样品分析方法时，为了方便也用纯净砂代替，显然这种基质与实际样品基质完全不同。为更准确地评价方法性能，有条件时要通过分析使用国家或国际上公认的标准参照物（Standard Reference Material，SRM）对方法进行验证。

下面是作者实验室的一些方法验证数据，供读者参阅。其中：

表 3-2（1）和表 3-2（2）分别为 Aroclor 1016 及 Aroclor 1260 水样摇瓶萃取，GC-ECD 分析方法在柱 1（DB-5）及柱 2（DB-35）上的方法检出限数据。

表 3-3（1）和表 3-3（2）分别为 Aroclor 1016 及 Aroclor 1260 水样摇瓶萃取，GC-ECD 分析方法在柱 1（DB-5）及柱 2（DB-35）上的准确度及精密度数据。

表 3-4（1）和表 3-4（2）分别为 Aroclor 1016 及 Aroclor 1260 固体样品，加速溶剂萃取，GC-ECD 分析方法在柱 1（DB-5）及柱 2（DB-35）上的方法检出限数据。

表 3-5（1）和表 3-5（2）分别为 Aroclor 1016 及 Aroclor 1260 固体样品，加速溶剂萃取，GC-ECD 分析方法在柱 1（DB-5）及柱 2（DB-35）上的准确度及精密度数据。

表 3-6 分别为 Aroclor 1016 及 Aroclor 1260 的水样、土样及生物样品的实用定量检出限。

表 3-2（1） Aroclor 1016 及 Aroclor 1260 水样摇瓶萃取方法检出限（柱 1）

Aroclor 及其特征峰	测定结果/（ng/L）							平均值/（ng/L）	掺入量/（ng/L）	回收萃取率/%	标准偏差 STD/（ng/L）	RSD/%	MDL/（μg/L）
	1	2	3	4	5	6	7						3.14×STDEV/1 000
Aroclor 1016-1	443	517	547	515	557	496	491	509	500	102	38	7.5	0.12
Aroclor 1016-2	498	532	542	520	548	520	521	526	500	105	17	3.1	0.05
Aroclor 1016-3	452	489	469	471	477	452	447	465	500	93	15	3.3	0.05
Aroclor 1016-4	499	511	525	509	520	492	503	508	500	102	12	2.3	0.04
Aroclor 1016	473	512	521	504	525	490	490	502	500	100	19	3.8	0.06
Aroclor 1260-1	600	578	594	559	560	611	547	579	500	116	24	4.2	0.08
Aroclor 1260-2	596	580	611	538	555	604	537	574	500	115	31	5.4	0.10
Aroclor 1260-3	644	610	645	583	591	656	584	616	500	123	32	5.1	0.10
Aroclor 1260-4	656	617	655	568	570	649	567	612	500	122	43	7.0	0.13
Aroclor 1260	624	596	626	562	569	630	559	595	500	119	32	5.4	0.10

表 3-2（2）　Aroclor 1016 及 Aroclor 1260 水样摇瓶萃取方法检出限（柱 2）

Aroclor 及其特征峰	测定结果/(ng/L)							平均值/(ng/L)	掺入量/(ng/L)	回收萃取率/%	标准偏差 STD/(ng/L)	RSD/%	MDL/(μg/L)
	1	2	3	4	5	6	7						3.14×STDEV/1 000
Aroclor 1016-1	306	502	443	377	421	411	413	410	500	82	60	15	0.19
Aroclor 1016-2	420	455	470	447	472	442	454	452	500	90	18	3.9	0.06
Aroclor 1016-3	427	542	550	526	557	525	537	523	500	105	44	8.4	0.14
Aroclor 1016-4	469	498	507	478	507	486	488	490	500	98	14	2.9	0.04
Aroclor 1016	405	500	492	457	489	466	473	469	500	94	32	6.8	0.10
Aroclor 1260-1	567	558	587	533	557	577	538	560	500	112	19	3.5	0.06
Aroclor 1260-2	608	588	612	561	581	626	572	592	500	118	24	4.0	0.07
Aroclor 1260-3	612	580	625	541	567	617	565	587	500	117	32	5.4	0.10
Aroclor 1260-4	631	594	641	556	586	649	581	605	500	121	35	5.8	0.11
Aroclor 1260	605	580	616	548	573	617	564	586	500	117	27	4.6	0.09

注：1）七个平行样，样品体积 1 L，摇瓶萃取，萃取液经硫酸及高锰酸钾氧化净化，Aroclor 加入量 0.5 μg/L，萃取液最终体积 1 mL，内标法定量；

2）MDL = 3.14 × 标准偏差/1 000；

3）色谱条件同图 3-1。

表 3-3（1）　Aroclor 1016 及 Aroclor 1260 水样摇瓶萃取方法准确度与精密度（柱 1）

Aroclor 及其特征峰	测定结果/(μg/L)				平均值/(μg/L)	掺入量/(μg/L)	回收萃取率/%	标准偏差 STD/(μg/L)	相对标准偏差/%
	P011414.D	P011415.D	P011503.D	P011505.D	Extract Cons.	Extract Cons.			
Aroclor 1016-1	4.01	3.91	4.10	3.95	4.0	5.0	80	0.08	2.1
Aroclor 1016-2	4.55	4.35	4.34	4.31	4.4	5.0	88	0.11	2.5
Aroclor 1016-3	4.63	4.56	4.46	4.56	4.6	5.0	91	0.07	1.6
Aroclor 1016-4	4.63	4.73	4.66	4.83	4.7	5.0	94	0.09	1.8
Aroclor 1016	4.46	4.39	4.39	4.41	4.4	5.0	88	0.03	0.8
Aroclor 1260-1	5.46	5.23	4.86	5.19	5.2	5.0	104	0.25	4.8
Aroclor 1260-2	5.73	5.45	4.87	5.34	5.3	5.0	107	0.36	6.7
Aroclor 1260-3	5.99	5.75	5.14	5.66	5.6	5.0	113	0.36	6.3
Aroclor 1260-4	6.25	5.89	4.97	5.72	5.7	5.0	114	0.54	9.5
Aroclor 1260	5.86	5.58	4.96	5.48	5.5	5.0	109	0.38	6.9

表 3-3（2） Aroclor 1016 及 Aroclor 1260 水样摇瓶萃取方法准确度与精密度（柱 2）

Aroclor 及其特征峰	测定结果/（μg/L）				平均值/（μg/L）	掺入量/（μg/L）	回收萃取率/%	标准偏差STD/（μg/L）	相对标准偏差/%
	P011414.D	P011415.D	P011503.D	P011505.D	Extract Cons.	Extract Cons.			
Aroclor 1016-1	4.37	4.28	4.44	4.19	4.32	5.0	86	0.11	2.5
Aroclor 1016-2	4.43	4.35	4.42	4.31	4.38	5.0	88	0.06	1.4
Aroclor 1016-3	4.49	5.06	5.18	4.21	4.74	5.0	95	0.46	9.7
Aroclor 1016-4	4.76	4.64	4.67	4.66	4.68	5.0	94	0.05	1.1
Aroclor 1016	4.51	4.58	4.68	4.34	4.53	5.0	91	0.14	3.1
Aroclor 1260-1	5.46	5.23	4.86	5.19	5.2	5.0	105	0.36	6.9
Aroclor 1260-2	5.73	5.45	4.87	5.34	5.3	5.0	107	0.39	7.2
Aroclor 1260-3	5.99	5.75	5.14	5.66	5.6	5.0	108	0.43	8.0
Aroclor 1260-4	6.25	5.89	4.97	5.72	5.7	5.0	115	0.54	9.4
Aroclor 1260	5.86	5.58	4.96	5.48	5.5	5.0	109	0.43	7.9

注：1）四个平行样，样品体积 1 L，摇瓶萃取，Aroclor 加入量 5 μg/L，萃取液最终体积 1 mL，内标法定量；
2）色谱条件同图 3-1。

表 3-4（1） Aroclor 1016 及 Aroclor 1260 固体样品方法检出限（柱 1）

Aroclor 及其特征峰	测定结果/（μg/kg）							平均值/（μg/kg）	掺入量/（μg/kg）	回收萃取率/%	标准偏差STD/（μg/kg）	RSD/%	MDL/（μg/kg）
	1	2	3	4	5	6	7						3.14×STDEV/1 000
Aroclor 1016-1	47.9	42.0	45.4	43.8	49.8	50.0	47.9	47	50	93	3.0	6.5	9.5
Aroclor 1016-2	45.6	52.0	46.0	48.3	44.5	49.9	53.4	49	50	97	3.4	7.0	11
Aroclor 1016-3	41.8	40.7	40.3	46.6	44.8	42.8	52.3	44	50	88	4.2	9.5	13
Aroclor 1016-4	37.6	37.3	37.2	40.8	39.6	42.9	41.6	40	50	79	2.3	5.8	7.2
Aroclor 1016	43	43	42	45	45	46	49	45	50	89	3.2	7.2	10
Aroclor 1260-1	55.4	53.9	51.6	52.7	54.5	57.1	60.1	55	50	110	2.9	5.2	9.0
Aroclor 1260-2	50.0	48.5	47.7	44.5	50.6	54.1	53.2	50	50	100	3.3	6.6	10
Aroclor 1260-3	54.4	50.3	49.3	48.9	53.2	56.2	57.7	53	50	106	3.5	6.6	11
Aroclor 1260-4	55.7	55.8	52.1	54.7	58.3	61.4	65.6	58	50	115	4.5	7.9	14
Aroclor 1260	54	52	50	50	54	57	59	54	50	108	3.5	6.5	11

表 3-4（2）　Aroclor 1016 及 Aroclor 1260 固体样品方法检出限（柱 2）

Aroclor及其特征峰	测定结果/(ng/L)							平均值/(μg/kg)	掺入量/(μg/kg)	回收萃取率/%	标准偏差STD/(μg/kg)	RSD/%	MDL/(μg/kg)
	1	2	3	4	5	6	7						3.14×STDEV
Aroclor 1016-1	38.0	39.6	38.5	40.1	48.3	41.5	42.2	41	50	82	3.5	8.4	11
Aroclor 1016-2	45.9	43.8	45.3	37.5	48.6	50.3	49.8	46	50	92	4.4	9.6	14
Aroclor 1016-3	51.3	51.1	50.1	45.6	54.3	56.0	55.5	52	50	104	3.6	7.0	11
Aroclor 1016-4	45.5	45.4	43.5	45.7	47.4	48.7	49.5	47	50	93	2.1	4.5	6.6
Aroclor 1016	45	45	44	42	50	49	49	46	50	93	3.4	7.4	11
Aroclor 1260-1	50.9	50.7	48.8	49.8	53.7	55.2	57.2	52	50	105	3.1	5.9	10
Aroclor 1260-2	52.6	52.6	49.1	50.5	58.0	56.5	60.0	54	50	108	4.0	7.5	13
Aroclor 1260-3	52.7	52.9	49.7	50.8	56.0	57.6	59.9	54	50	108	3.7	6.9	12
Aroclor 1260-4	56.8	53.7	49.9	54.5	59.3	62.4	70.6	58	50	116	6.8	11.7	21
Aroclor 1260	53	52	49	51	57	58	62	55	50	109	4.4	8.0	14

注：1）七个平行样，样品纯净砂 10 g，加速溶剂萃取，萃取液经硫酸及高锰酸钾氧化及 1 g 佛罗里达硅藻土（Florisil）小柱净化。Aroclor 加入量 0.50 μg，萃取液最终体积 1 mL，内标法定量。

2）MDL = 3.14 × 标准偏差/1 000。

3）色谱条件同图 3-1。

表 3-5（1）　Aroclor 1016 及 Aroclor 1260 固体样品方法准确度与精密度（柱 1）

Aroclor及其特征峰	测定结果/(μg/kg)				平均值/(μg/kg)	掺入量/(μg/kg)	回收萃取率/%	标准偏差STD/(μg/kg)	相对标准偏差/%
	P121714.D	P121715.D	P121716.D	P121717.D					
Aroclor 1016-1	350	329	331	360	343	500	69	15	4.4
Aroclor 1016-2	428	400	418	443	422	500	84	18	4.2
Aroclor 1016-3	412	389	392	446	410	500	82	26	6.3
Aroclor 1016-4	312	310	310	315	312	500	62	2.2	0.7
Aroclor 1016	375	357	363	391	372	500	74	15	3.9
Aroclor 1260-1	520	434	477	480	478	500	96	35	7.3
Aroclor 1260-2	529	445	487	494	489	500	98	35	7.1
Aroclor 1260-3	506	421	453	449	457	500	91	36	8.8
Aroclor 1260-4	608	456	521	517	525	500	105	62	12
Aroclor 1260	541	439	484	485	487	500	97	42	8.5

表 3-5（2） Aroclor 1016 及 Aroclor 1260 固体样品方法准确度与精密度（柱 2）

Aroclor 及其特征峰	测定结果/（μg/kg）				平均值/（μg/kg）	掺入量/（μg/kg）	回收萃取率/%	标准偏差 STD/（μg/kg）	相对标准偏差/%
	P121714.D	P121715.D	P121716.D	P121717.D					
Aroclor 1016-1	376	352	358	384	368	500	74	15	4.1
Aroclor 1016-2	392	362	385	399	384	500	77	16	4.2
Aroclor 1016-3	441	400	432	449	430	500	86	22	5.0
Aroclor 1016-4	406	365	396	406	393	500	79	20	4.9
Aroclor 1016	404	370	393	410	394	500	79	18	4.6
Aroclor 1260-1	501	405	461	457	456	500	91	39	8.6
Aroclor 1260-2	501	398	453	451	450	500	90	42	9.3
Aroclor 1260-3	547	420	487	478	483	500	97	52	11
Aroclor 1260-4	589	428	504	493	503	500	101	66	13
Aroclor 1260	534	413	476	470	473	500	95	50	10

注：1）四个平行样，样品纯净砂 10 g，加速溶剂萃取，萃取液经硫酸及高锰酸钾氧化及 1 g 佛罗里达硅藻土（Florisil）小柱净化。Aroclor 加入量 5.0 μg，萃取液最终体积 1 mL，内标法定量。

2）色谱条件同图 3-1。

表 3-6 Aroclor 实用定量方法检出限

序号	CAS 登记号	化合物	实用定量方法检出限		
			水/（μg/L）	土/（μg/kg）	生物/（μg/kg）
1	12674-11-2	Aroclor 1016	0.25	25	250
2	11104-28-2	Aroclor 1221	0.25	25	250
3	11141-28-2	Aroclor 1232	0.25	25	250
4	53469-21-9	Aroclor 1242	0.25	25	250
5	12672-29-6	Aroclor 1248	0.25	25	250
6	11097-69-1	Aroclor 1254	0.25	25	250
7	11096-82-5	Aroclor 1260	0.25	25	250

注：1）水样，样品体积 1 L，摇瓶萃取，萃取液经硫酸及高锰酸钾氧化净化，萃取液最终体积 1 mL，内标法定量。

2）土样，样品量 10 g，加速溶剂萃取，萃取液经硫酸及高锰酸钾氧化及 1 g 佛罗里达硅藻土（Florisil）小柱净化，萃取液最终体积 1 mL，内标法定量。沉积物样，萃取液经 GPC，除硫，硫酸及高锰酸钾氧化及佛罗里达硅藻土（Florisil）小柱净化，萃取液最终体积 0.5 mL。

3）生物样，样品量 1 g，加速溶剂萃取，萃取液经硅胶柱、GPC、硫酸及高锰酸钾氧化和佛罗里达硅藻土（Florisil）小柱净化，萃取液最终体积 0.5 mL，内标法定量。

4）实用定量检出限可根据项目需要，通过改变样品量及最终萃取液的定容体积调节。

5）上述笔者实验室数据多为使用佛罗里达硅藻土（Florisil）小柱净化所得，而非硅胶小柱净化，这主要是传统习惯，实际对于分离氯化烷烃与多氯联苯来说硅胶小柱效果更好，也更易掌握。

参考文献

[1] 美国 EPA 标准分析方法 8000 色谱分析.

[2] 美国 EPA 标准分析方法 8082a 气相色谱分析多氯联苯.

3.3 多氯联苯单体分析

3.3.1 方法概述

如前所述，环境中多氯联苯污染物在环境中受生物、光、化学物质等因素作用，并经历了在不同介质中的迁移、转化，发生了一系列的化学、物理变化，常失去原来商品混合组分比例的特征，尤其是生物体中的多氯联苯，很难再通过色谱指纹进行产品分析，而只能进行单体或等同氯异构体的分析；加之各单体的毒性相差很大，环境研究中毒性更强的单体更受关注，因而在深入评价 PCB 的污染状况时单体的信息是必不可少的。通常在 PCB209 个单体中，根据其出现的几率及毒性大小，一般环境监测只列出部分单体为目标化合物。不同国家、不同法规中多氯联苯单体目标化合物亦不尽相同。表 3-7 列出了美国国家大气及海洋管理局规定的多氯联苯单体目标化合物，表 3-8 为联合国环境规划署在持久性有机污染物中所列的多氯联苯单体。表 3-7 和表 3-8 代表了最常见的多氯联苯单体分析的目标化合物。

表 3-7 美国国家大气及海洋管理局多氯联苯单体目标化合物

单体化学名称	单体代号	CAS 登记号
非共面体		
2,2′,5-Trichlorobiphenyl	PCB18	37680-65-2
2,4,4′-Trichlorobiphenyl	PCB28	7012-37-5
2,2′,5,5′-Tetrachlorobiphenyl	PCB52	35693-99-3
2,2′,4,5,5′-Pentachlorobiphenyl	PCB101	37680-73-2
2,2′,3,4,4′,5′-Hexachlorobiphenyl	PCB138	35065-28-2
2,2′,4,4′,5,5′-Hexachlorobiphenyl	PCB153	35065-27-1
2,2′,3,3′,4,4′,5-Heptachlorobiphenyl	PCB170	35065-30-6
2,2′,3,4,4′,5,5′-Heptachlorobiphenyl	PCB180	35065-29-3
2,2′,3,4′,5,5′,6-Heptachlorobiphenyl	PCB187	52663-68-0
2,2′,3,3′,4,4′,5,6-Octachlorobiphenyl	PCB195	52663-78-2
2,2′,3,3′,4,4′,5,5′,6-Nonachlorobiphenyl	PCB206	40186-72-9
Decachlorobiphenyl	PCB209	2051-24-3
共面体		
3,3′,4,4′-Tetrachlorobiphenyl	PCB77	32598-13-3

单体化学名称	单体代号	CAS 登记号
3,4,4′,5-Tetrachlorobiphenyl	PCB81	70362-50-4
2,3,3′,4,4′-Pentachlorobiphenyl	PCB105	32598-14-4
2,3,4,4′,5-Pentachlorobiphenyl	PCB114	74472-37-0
2,3′,4,4′,5-Pentachlorobiphenyl	PCB118	31508-00-6
2,3′,4,4′,5′-Pentachlorobiphenyl	PCB123	65510-44-3
3,3′,4,4′,5-Pentachlorobiphenyl	PCB126	57465-28-8
2,3,3′,4,4′,5-Hexachlorobiphenyl	PCB156	38380-08-4
2,3,3′,4,4′,5′-Hexachlorobiphenyl	PCB157	69782-90-7
2,3′,4,4′,5,5′-Hexachlorobiphenyl	PCB167	52663-72-6
2,3,3′,4,4′,5,5′-Heptachlorobiphenyl	PCB189	39635-31-9

表 3-8 联合国环境规划署持久性有机污染物中多氯联苯单体目标化合物

单体化学名称	单体代号	CAS 登记号
非共面体		
2,4,4′-Trichlorobiphenyl	PCB28	7012-37-5
2,2′,5,5′-Tetrachlorobiphenyl	PCB52	35693-99-3
2,2′,4,5,5′-Pentachlorobiphenyl	PCB101	37680-73-2
2,2′,3,4,4′,5′-Hexachlorobiphenyl	PCB138	35065-28-2
2,2′,4,4′,5,5′-Hexachlorobiphenyl	PCB153	35065-27-1
2,2′,3,4,4′,5,5′-Heptachlorobiphenyl	PCB180	35065-29-3
共面体		
3,3′,4,4′-Tetrachlorobiphenyl	PCB77	32598-13-3
3,4,4′,5-Tetrachlorobiphenyl	PCB81	70362-50-4
2,3,3′,4,4′-Pentachlorobiphenyl	PCB105	32598-14-4
2,3,4,4′,5-Pentachlorobiphenyl	PCB114	74472-37-0
2,3′,4,4′,5-Pentachlorobiphenyl	PCB118	31508-00-6
2,3′,4,4′,5′-Pentachlorobiphenyl	PCB123	65510-44-3
3,3′,4,4′,5-Pentachlorobiphenyl	PCB126	57465-28-8
2,3,3′,4,4′,5-Hexachlorobiphenyl	PCB156	38380-08-4
2,3,3′,4,4′,5′-Hexachlorobiphenyl	PCB157	69782-90-7
2,3′,4,4′,5,5′-Hexachlorobiphenyl	PCB167	52663-72-6
3,3′,4,4′,5,5′-Hexachlorobiphenyl	PCB169	32774-16-6
2,3,3′,4,4′,5,5′-Heptachlorobiphenyl	PCB189	39635-31-9

分析多氯联苯单体一般使用 GC-ECD 或 GC-MS。GC-ECD 使用双柱双检测器系统。GC-MS 使用单柱，质谱用选择离子检测模式。ECD 检测器有较高灵敏度，进样量 1 μL 时，进样液检出浓度可达 0.001 μg/mL，但需要第二根柱验证，质谱检测器灵敏度稍低，用选择离子检测时检出限约比 ECD 高 10 倍，但不需要双柱验证。分析单体最重要的是将各个单体峰分开，避免相互间的干扰，因此对于色谱柱的分离效率要求要远高于分析多氯联苯产品混合物。尤其是使用 GC-ECD 仪器时，由于缺乏帮助定性的结构信息，定性的唯一根据是保留时间，为使定性可靠，色谱柱的分离效率及稳定性是关键。分离效率主要取决于色谱柱及色谱条件，而稳定性则与整个系统有关。目前市场上分离多氯联苯单体效果最好的色谱柱是固定相为 DB-XLB 的柱子。通常选用 60 m 长、0.25 mm 内径，固定相膜厚 0.25 μm 的毛细柱。当使用 GC-ECD 仪器时需要双柱系统，DB-XLB 为主分析柱，另一根验证柱可选用 60 m 长、0.25 mm 内径，固定相膜厚 0.25 μm 的 DB-5 柱。应当注意，多氯联苯沸点高，同素异构体多，为达到较高的色谱分辨率，并尽量缩短分离时间，温度程序起始温度较高，而升温速率很低，这样长时间高温加热容易引起固定相流失，在检测器上产生杂峰干扰单体的分析，故用于分析单体的柱子固定相必须稳定，高温时柱流失一定要低。

3.3.2　仪器设置及性能检验

仪器设置：GC-ECD 具有分流/不分流进样器及双电子捕获检测器，双毛细柱系统。进样器通过预柱及 Y 管与双柱连接，再各自进入自己的检测器，两个检测器得到的信号经计算机处理同时得到分析结果及验证结果。预柱选用 10 m 长，内径 0.53 mm 或 0.32 mm，固定相 0.1 μm 的 DB-1 非极性石英柱。非极性的薄涂层预柱不干扰分析柱的分离效果，并能确保分离系统稳定。预柱在使用过程中可以不断截短，去除前部由于高沸点化合物滞留产生的不可逆吸附点，以保障系统的分辨率不致衰退。当发现峰型拖尾或仪器检验不合格时，去除 30～40 cm 的预柱通常可使问题得到纠正。使用较长的预柱可增加修复的次数，而延长 Y 管的使用寿命，但过长的预柱使系统的死体积增大，降低分离效率，故通常起始时预柱不宜超过 10 m 长。分析柱为 DB-XLB，60 m 长，内径 0.25 mm，膜厚 0.25 μm 的窄口径毛细柱。验证柱为 DB-5MS（5%二苯基，1%乙烯基，94%二甲基聚硅氧烷，低流失）。载气选用氢气或氦气，尾吹气使用氮气或含 5%甲烷的氩气，色谱配置无分流、分脉冲压力进样器，恒流、程序升温。

GC-MS 色谱部分同上，但只用单分离柱，质谱部分操作时采用选择离子检测模式，根据目标化合物中氯原子数按表 3-9 设置检测离子及核证离子。

表 3-9 PCB 单体检测离子及核证离子

氯原子数	分子量	检测离子*	核证离子	比例**	比例可接受范围
Cl1	188	188	190	3.0	2.5～3.5
Cl2	222	222	224	1.5	1.3～1.7
Cl3	256	256	258	1.0	0.8～1.2
Cl4	290	292	290	1.3	1.1～1.5
Cl5	324	326	324	1.6	1.4～1.8
Cl6	358	360	362	1.2	1.0～1.4
Cl7	392	394	396	1.0	0.9～1.2
Cl8	426	430	428	1.1	0.9～1.3
Cl9	460	464	466	1.3	1.1～1.5
Cl10	494	498	500	1.1	0.9～1.3

* 检测离子亦作为定量离子。

** 比例指检测离子与核证离子的峰强度比。

仪器性能检验：用 GE-CD 分析多氯联苯单体时，除前面 PCB 商品混合物分析中所提到的注意事项外，要特别关注色谱柱的分辨率。在选择最佳分离柱后要优化色谱条件以使各单体得到尽可能好的分离。这是一项十分细致的工作。由于多氯联苯有许多单体物，尤其是分子量相同、结构相似的单体，物理化学性质很接近，较难分离。为获得满意的分离效果需要仔细调整色谱程序升温、柱流速、进样器脉冲压力等色谱条件。当多氯联苯单体与有机氯农药同时分析时总有一两对峰分不开，在选择验证柱时一定要保证在主分析柱上分离不好的峰能在验证柱上完全分离。

图 3-4 为笔者实验室多氯联苯单体 50 ng/mL 混合标样在双柱系统上的色谱图。色谱条件：Agilent 6890 GC 双 ECD；双柱 DB-XLB，DB-5ms，各长 60 m，内径 0.25 mm，膜厚 0.25 μm；恒流 1.4 mL/min；进样脉冲压力 40 psi，0.5 min；氮气尾吹气 24 mL/min；程序升温 90℃（保持 1 min），50℃/min 升至 210℃（保持 5 min），1℃/min 升至 235℃（保持 0 min），2℃/min 升至 245℃（保持 0 min），5℃/min 升至 320℃（保持 2 min）；无分流进样 1 μL；进样液质量浓度：50 ng/mL。各峰相应化合物、保留时间、响应值及质量浓度数据见表 3-10。由图 3-4 及表 3-10 可见除 PCB110 及 PCB77 和 PCB128 及 PCB167 两对峰在柱 2 上重叠外所有峰都得到完全分离。

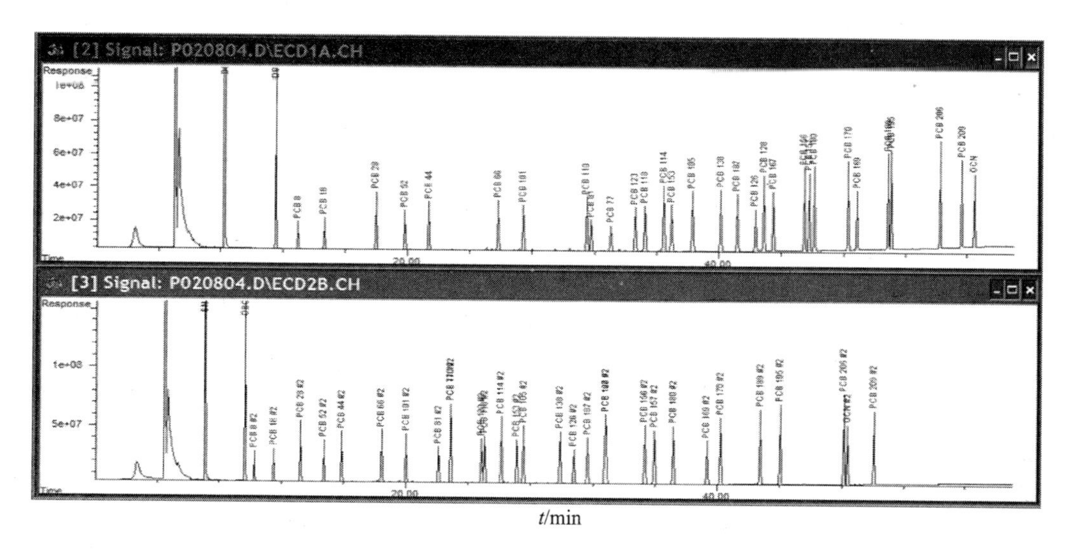

图 3-4　多氯联苯单体 50 ng/mL 混合标样色谱图

色谱条件：Agilent 6890 GC 双 ECD；双柱 DB-XLB，DB-5 ms，均长 60 m，内径 0.25 mm，膜厚 0.25 μm；恒流 1.4 mL/min；进样脉冲压力 40 psi，0.5 min；氮气尾吹气 24 mL/min；程序升温 90℃（保持 1 min），50℃/min 升至 210℃（保持 5 min），1℃/min 升至 235℃（保持 0 min），2℃/min 升至 245℃（保持 0 min），5℃/min 升至 320℃（保持 2 min）；无分流进样 1 μL。

表 3-10　50 ng/mL PCB 单体混合标样保留时间、响应值及质量浓度

峰	PCB 单体	RT/min（柱 1）	RT/min（柱 2）	响应值（柱 1）	响应值（柱 2）	质量浓度*（柱 1）/（ng/mL）	质量浓度*（柱 2）/（ng/mL）
1	BNB**	8.23	7.05	723.1E6	10 896.9E6	195.000	195.000
2	DBOFB**	11.55	9.66	701.7E6	3 320.2E6	52.578	54.153
3	PCB8	13.00	10.26	488.5E6	629.1E6	55.653	54.593
4	PCB18	14.71	11.51	626.5E6	786.1E6	54.859	56.088
5	PCB28	17.99	13.26	358.2E6	1 653.3E6	54.346	54.140
6	PCB52	19.82	14.77	1 015.8E6	1 215.5E6	55.977	52.221
7	PCB44	21.36	15.90	304.5E6	1 553.0E6	54.993	52.089
8	PCB66	25.79	18.44	531.1E6	1 890.9E6	52.864	52.832
9	PCB101	27.42	20.00	426.1E6	1 724.1E6	53.631	53.365
10	PCB110	31.50	22.86	834.5E6	3 237.3E6	52.595	52.368
11	PCB81	31.79	22.08	133.5E6	1 442.7E6	52.150	52.146
12	PCB77	33.06	22.86	944.8E6	3 237.3E6	52.541	52.368
13	PCB123	34.64	24.84	546.2E6	1 909.6E6	52.195	52.580
14	PCB118	35.26	25.04	633.6E6	1 993.6E6	52.535	51.680

峰	PCB 单体	RT/min（柱 1）	RT/min（柱 2）	响应值（柱 1）	响应值（柱 2）	质量浓度*（柱 1）/（ng/mL）	质量浓度*（柱 2）/（ng/mL）
15	PCB114	36.47	26.10	2 329.0E6	2 825.3E6	51.397	51.009
16	PCB153	36.98	27.10	1 662.5E6	1 999.8E6	53.117	52.415
17	PCB105	38.31	27.53	2 160.7E6	2 692.8E6	50.878	51.368
18	PCB138	40.12	29.87	965.0E6	2 486.2E6	51.647	52.176
19	PCB187	41.21	31.64	1 722.5E6	2 273.2E6	52.322	52.819
20	PCB126	42.37	30.77	238.2E6	1 688.1E6	49.965	50.535
21	PCB128	42.89	32.80	133.2E6	4 992.9E6	50.790	51.902
22	PCB167	43.50	32.80	595.9E6	4 992.9E6	50.800	51.902
23	PCB156	45.45	35.36	2 129.2E6	2 970.9E6	49.740	50.399
24	PCB157	45.76	35.97	947.4E6	2 685.6E6	49.646	50.528
25	PCB180	46.10	37.18	2 045.1E6	2 880.9E6	50.342	51.489
26	PCB170	48.30	40.21	2 129.2E6	2 961.1E6	49.971	51.011
27	PCB169	48.87	39.35	1 379.1E6	2 030.1E6	48.889	49.156
28	PCB189	50.86	42.77	2 109.4E6	2 946.8E6	49.762	49.855
29	PCB195	51.08	44.03	190.8E6	2 993.3E6	50.087	50.610
30	PCB206	54.32	48.14	190.3E6	2 885.0E6	50.436 m***	50.126
31	PCB209	55.68	50.06	1 777.8E6	2 320.0E6	51.321 m	50.448
32	OCN**	56.49	48.38	1 483.4E6	2 057.4E6	49.470 m	46.322

* 浓度为仪器检出浓度。

** BNB 为内标物，DBOFB 及 OCN 为替代标准物。

*** m 表示数据的峰面积经过人工修正。

上节多氯联苯商品混合物分析中已经详细讨论了影响仪器性能的各项因素这里不再重复。由于单体分析过程中，色谱柱处于高温的时间很长，分析过程中柱箱内温度变化剧烈，容易造成连接部位泄漏，若在高温过程中发生泄漏不但使分析失败，严重时还会损害分析柱及检测器，因此分析过程中应随时注意观察色谱图变化，一旦发现基线突然不正常升高要立即想到系统内发生泄漏的可能，应先排除了故障再继续分析。

3.3.3 标准曲线的建立

GE-CD 定量分析多氯联苯单体的标准曲线的 5 点质量浓度为：2.5 ng/mL，10 ng/mL，50 ng/mL，100 ng/mL，200 ng/mL。由每级标准溶液的质量浓度、各个单体及内标物的响应值计算相对响应因子 *RF*：

$$RF - \frac{A_s \times \rho_{is}}{A_{is} \times \rho_s}$$

式中：A_s——多氯联苯单体的峰面积；

A_{is}——内标物的峰面积；

ρ_s——多氯联苯单体在标样中的质量浓度；

ρ_{is}——内标物在标样中的质量浓度。

由各个多氯联苯单体在每级浓度的相对响应值建立校准曲线，并计算各目标物的相对响应因子及其相对标准偏差：

$$SD = \sqrt{\frac{\sum_{i=1}^{n}\left(RF_i - \overline{RF}\right)^2}{n-1}} \qquad \text{其中：} n=5$$

$$RSD = \frac{SD}{\overline{RF}} \times 100$$

式中：SD——某单体的标准曲线各点的相对响应因子的标准偏差；

RF_i——该单体在 i 浓度点的相对响应因子；

$\overline{RF}$——该单体标准曲线各点的相对响应因子的平均值；

RSD——该单体标准曲线各点的相对响应因子的相对标准偏差。

若各目标物，包括替代标准物在曲线各点的相对响应因子的标准偏差的平均值 $\overline{RSD}$ 小于 20%，且没有任何两个以上目标化合物的相对响应因子的标准偏差大于 30%，同时各化合物在各级质量浓度的保留时间波动不大于 10 s，则可用第二来源的 50 ng/mL 的 PCB 单体标准溶液对曲线进行验证，若分析结果显示各化合物浓度与期望值百分差的平均值小于 25%，则认为所建标准曲线合格。

$$\overline{RSD} = \frac{\sum_{j=1}^{n} RSD_j}{n}$$

式中：$\overline{RSD}$——所有目标物相对响应因子标准偏差的平均值；

RSD_j——目标物 j 的相对响应因子的相对标准偏差；

n——目标物总数。

表 3-11（1）和表 3-11（2）为笔者实验室多氯联苯单体与有机氯杀虫剂同时分析的双柱标准曲线数据。从数据不难发现在 DB-XLB 柱上 PCB153 与杀虫剂 Edosulfan Ⅱ重叠，而在 DB-5MS 柱上 o,p'-DDD 与 PCB77，PCB170 与杀虫剂 Mirex 两对峰重叠。当两个化合物的峰在某一柱上重叠时，定量要以另一柱的数据为准。表 3-11 中的目标化合物是按某一特定项目要求而设的。当项目要求检出的 PCB 单体更多时，重叠的峰会

更多，在建立标准曲线之前技术人员必须弄清每个目标化合物在各柱上的分离情况。有时项目甚至要求对209个单体进行全分析，此时由于各柱上都有多对峰重叠，因此建立单一的标准曲线会相当困难。图3-5为209种单体标样在笔者实验室双柱系统上的色谱图，虽然这张图的色谱条件并未完全优化，但显而易见，即使色谱条件进一步优化，在如此复杂的色谱图上同时为各个目标化合物建立标物曲线也是很不易的，尤其对许多保留时间接近的峰很容易在计算峰面积时产生错误。在需要单体全分析时，最好的办法是分组建立标准曲线。不要购买209单体的混合标样，而应购买组合混合标样，即209种单体分在四组混合液中，用这四组标准样品分别配制校准标准溶液，分别进样分析，建立各自的标准曲线。由于每个样中所含单体数目大大减少，故对各峰的定性及定量要容易得多。样品分析后分别按各标准曲线进行数据处理，对照各组所检出目标化合物的保留时间，找出保留值重叠、重复积分的峰，并根据不同柱上的数据分析判断正确的定性和定量结果。

表3-11 多氯联苯单体与有机氯杀虫剂同时分析的双柱标准曲线数据

（1）柱1 DB-XLB

Calibration Files：200 = P091703.D 100 = P091704.D 50 = P091705.D 10 = P091706.D 2.5 = P091707.D

	化合物	200	100	50	10	2.5	平均值	*RSD*/%
1）	BNB			---------------ISTD--------------------				
2）	DBOFB	0.925	0.916	0.931	0.916	0.900	0.917	1.27
3）	PCB8	0.142	0.145	0.148	0.159	0.154	0.150	4.52
4）	α-BHC	1.333	1.294	1.258	1.198	1.099	1.236	7.42
5）	Hexachlorobenzene	0.996	0.986	0.980	1.004	0.985	0.990	0.96
6）	PCB18	0.176	0.183	0.185	0.212	0.195	0.190	7.45
7）	γ-BHC	1.151	1.130	1.046	1.026	0.827	1.036	12.38
8）	β-BHC	0.495	0.490	0.477	0.470	0.453	0.477	3.49
9）	Δ-BHC	1.195	1.159	1.124	1.048	0.950	1.095	8.92
10）	PCB28	0.439	0.449	0.450	0.488	0.460	0.457	4.12
11）	Heptachlor	0.988	1.008	1.007	0.999	0.988	0.998	0.98
12）	PCB52	0.302	0.308	0.310	0.329	0.328	0.316	3.84
13）	Aldrin	1.016	1.032	1.018	0.986	0.954	1.001	3.12
14）	PCB44	0.386	0.396	0.396	0.429	0.436	0.409	5.47
15）	Oxyochlordane	0.767	0.788	0.727	0.732	0.497	0.702	16.70
16）	Heptachlor Epoxide	0.876	0.906	0.908	0.910	0.871	0.894	2.10

17）	PCB66	0.481	0.491	0.493	0.502	0.516	0.497	2.62
18）	*o,p'*-DDE	0.555	0.569	0.568	0.568	0.562	0.565	1.04
19）	PCB101	0.411	0.417	0.441	0.446	0.463	0.436	4.95
20）	γ-Chlordane	0.970	0.975	0.964	0.928	0.886	0.945	3.99
21）	α-Chlordane	0.925	0.935	0.913	0.909	0.883	0.913	2.16
22）	Endosulfan I	0.825	0.848	0.842	0.849	0.804	0.834	2.27
23）	*trans*-Nonachlor	0.919	0.927	0.909	0.924	0.928	0.921	0.85
24）	*p,p'*-DDE	0.908	0.902	0.896	0.835	0.815	0.871	4.93
25）	Dieldrin	0.923	0.944	0.944	0.907	0.851	0.914	4.22
26）	*o,p'*-DDD	0.489	0.492	0.504	0.494	0.468	0.489	2.70
27）	PCB77	0.293	0.298	0.318	0.297	0.318	0.305	3.90
28）	Endrin	0.807	0.815	0.829	0.771	0.723	0.789	5.41
29）	*o,p'*-DDT	0.678	0.678	0.676	0.662	0.600	0.659	5.09
30）	PCB118	0.484	0.486	0.497	0.518	0.464	0.490	3.99
31）	*cis*-Nonachlor	0.823	0.819	0.797	0.771	0.726	0.787	5.10
32）	*p,p'*-DDD	0.738	0.731	0.731	0.693	0.689	0.716	3.26
33）	PCB153	0.619	0.627	0.634	0.645	0.625	0.630	1.54
34）	Edosulfan II	0.619	0.627	0.634	0.645	0.625	0.630	1.54
35）	PCB105	0.691	0.682	0.695	0.695	0.650	0.683	2.81
36）	Endrin Aldehyde	0.571	0.567	0.569	0.592	0.563	0.572	1.94
37）	*p,p'*-DDT	0.779	0.742	0.791	0.668	0.707	0.737	6.90
38）	PCB138	0.566	0.581	0.529	0.605	0.561	0.568	4.86
39）	PCB187	0.529	0.527	0.541	0.544	0.562	0.541	2.59
40）	Endosulfan Sulfate	0.685	0.682	0.670	0.665	0.674	0.675	1.19
41）	PCB126	0.389	0.393	0.400	0.397	0.373	0.390	2.76
42）	PCB128	0.673	0.664	0.738	0.656	0.679	0.682	4.74
43）	Methoxychlor	0.335	0.329	0.326	0.322	0.313	0.325	2.52
44）	Endrin Ketone	0.786	0.772	0.764	0.754	0.753	0.766	1.79
45）	PCB180	0.636	0.613	0.617	0.599	0.593	0.612	2.74
46）	PCB170	0.656	0.626	0.632	0.639	0.597	0.630	3.44
47）	Mirex	0.476	0.462	0.461	0.488	0.467	0.471	2.33
48）	PCB195	0.655	0.614	0.611	0.597	0.614	0.618	3.50
49）	PCB206	0.618	0.571	0.568	0.570	0.558	0.577	4.08
50）	PCB209	0.499	0.455	0.449	0.468	0.446	0.463	4.62
51）	OCN	0.455	0.418	0.408	0.391	0.366	0.408	8.06

（2）柱 2　DB-5MS

Calibration Files：200 = P091703.D　100 = P091704.D　50 = P091705.D　10 = P091706.D　2.5 = P091707.D

	Compound	200	100	50	10	2.5	Avg（均值）	*RSD*/%
52）	BNB #2	---------------ISTD---------------------						
53）	DBOFB #2	0.936	0.945	0.937	0.951	0.908	0.935	1.77
54）	PCB8 #2	0.143	0.146	0.148	0.149	0.151	0.147	2.19
55）	α-BHC #2	1.307	1.299	1.235	1.237	1.120	1.240	6.04
56）	Hexachlorobenzene #2	1.022	1.028	1.026	1.051	0.964	1.018	3.18
57）	PCB18 #2	0.196	0.198	0.231	0.198	0.202	0.205	7.17
58）	γ-BHC #2	1.165	1.162	1.154	1.145	1.033	1.132	4.94
59）	β-BHC #2	0.514	0.509	0.497	0.497	0.422	0.488	7.70
60）	Δ-BHC #2	1.161	1.171	1.142	1.088	1.039	1.120	4.99
61）	PCB28 #2	0.447	0.444	0.457	0.459	0.420	0.445	3.55
62）	Heptachlor #2	1.016	1.046	1.044	1.053	0.993	1.030	2.45
63）	PCB52 #2	0.295	0.311	0.279	0.263	0.127	0.255	28.96
64）	Aldrin #2	1.074	1.087	1.107	1.142	1.047	1.092	3.29
65）	PCB44 #2	0.737	0.383	0.382	0.402	0.408	0.463	33.22
66）	Oxychlordane #2	0.833	0.851	0.831	0.854	0.837	0.841	1.26
67）	Heptachlor Epoxide #2	0.914	0.951	0.943	0.973	0.969	0.950	2.47
68）	PCB66 #2	0.525	0.522	0.501	0.518	0.439	0.501	7.23
69）	*o,p'*-DDE #2	0.596	0.622	0.602	0.614	0.669	0.621	4.69
70）	PCB101 #2	0.457	0.466	0.471	0.455	0.450	0.460	1.86
71）	γ-Chlordane #2	1.022	1.035	0.995	1.016	0.970	1.008	2.51
72）	α-Chlordane #2	0.986	1.009	0.987	1.000	0.924	0.981	3.42
73）	Endosulfan I #2	0.860	0.894	0.894	0.907	0.838	0.879	3.24
74）	*trans*-Nonachlor #2	0.958	0.977	0.948	0.970	0.893	0.949	3.52
75）	*p,p'*-DDE #2	0.949	0.963	0.942	0.904	0.813	0.914	6.65
76）	Dieldrin #2	0.946	0.975	0.958	0.950	0.881	0.942	3.81
77）	*o,p'*-DDD #2	0.413	0.425	0.422	0.385	0.370	0.403	6.04
78）	PCB77 #2	0.413	0.425	0.422	0.385	0.370	0.403	6.04
79）	Endrin #2	0.844	0.854	0.869	0.828	0.873	0.853	2.17
80）	*o,p'*-DDT #2	0.713	0.721	0.695	0.666	0.648	0.689	4.50
81）	PCB118 #2	0.645	0.664	0.682	0.675	0.660	0.665	2.14
82）	*cis*-Nonachlor#2	0.863	0.867	0.839	0.847	0.811	0.845	2.65
83）	*p,p'*-DDD #2	0.779	0.781	0.772	0.726	0.758	0.763	2.97
84）	PCB153 #2	0.545	0.555	0.542	0.550	0.540	0.546	1.14
85）	Edosulfan II #2	0.645	0.664	0.682	0.675	0.660	0.665	2.14
86）	PCB105 #2	0.740	0.754	0.704	0.672	0.606	0.695	8.55
87）	Endrin Aldehyde #2	0.607	0.618	0.595	0.591	0.575	0.597	2.74
88）	*p,p'*-DDT #2	0.811	0.792	0.766	0.695	0.690	0.751	7.41
89）	PCB138 #2	0.672	0.666	0.670	0.683	0.709	0.680	2.53
90）	PCB187 #2	0.615	0.624	0.651	0.611	0.623	0.625	2.48

91）	Endosulfan Sulfate #2	0.766	0.780	0.772	0.769	0.741	0.766	1.95
92）	PCB126 #2	0.445	0.442	0.428	0.470	0.425	0.442	4.05
93）	PCB128 #2	0.775	0.768	0.733	0.765	0.708	0.750	3.75
94）	Methoxychlor #2	0.350	0.343	0.340	0.314	0.341	0.338	4.03
95）	Endrin Ketone #2	0.894	0.899	0.897	0.945	0.920	0.911	2.34
96）	PCB180 #2	0.736	0.709	0.705	0.761	0.702	0.723	3.50
97）	PCB170 #2	0.656	0.640	0.653	0.667	0.611	0.646	3.30
98）	Mirex #2	0.656	0.640	0.653	0.667	0.611	0.646	3.31
99）	PCB195 #2	0.743	0.711	0.710	0.676	0.642	0.697	5.54
100）	PCB206 #2	0.695	0.651	0.654	0.649	0.682	0.666	3.12
101）	PCB209 #2	0.549	0.509	0.537	0.558	0.538	0.538	3.42
102）	OCN #2	0.582	0.548	0.544	0.495	0.492	0.532	7.18

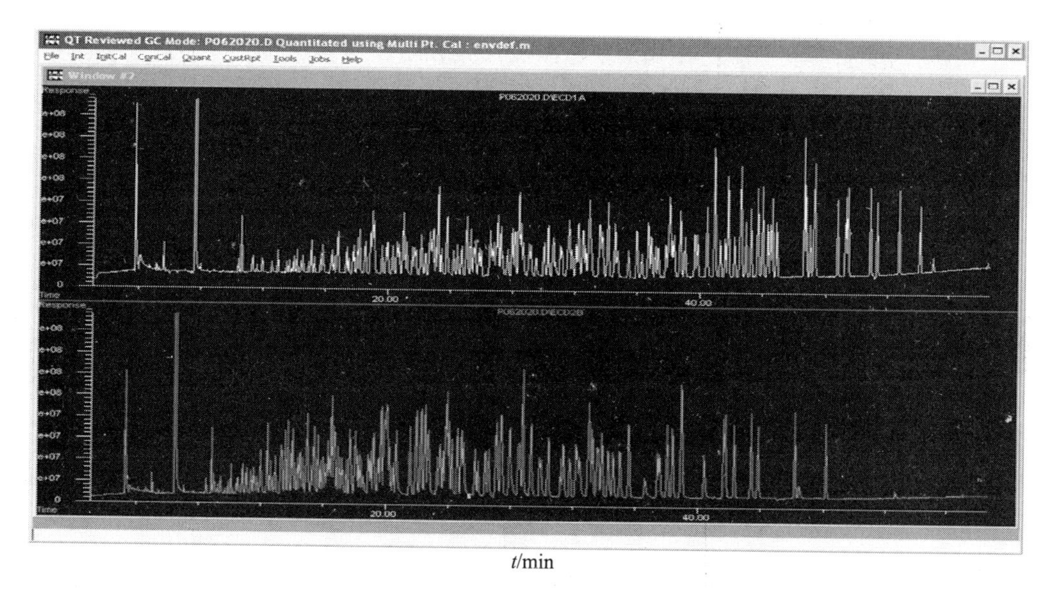

t/min

图 3-5 209 种单体标样双柱系统色谱图

色谱条件：同图 3-4。峰 1、峰 2、峰 3 分别为内标物 BNB、替代标准物 DBOFB 及 OCN。

3.3.4 样品分析

样品分析必须使用与建立校准曲线时相同的仪器操作条件，分析样品前要先用中间质量浓度（50 ng/mL）的 PCB 单体标准溶液对校准曲线进行分析验证。若各目标化合物检出浓度与期望值的百分差之总平均值不大于 15%，内标物峰面积在标准曲线中点内标物峰面积的 50%～200%，且二者保留值差在 10 s 内，则认为标准曲线有效，可将经净化、掺加内标物、定容后的萃取液进仪器分析。分析过程中每 10 个样品后应加分析一次中间浓度标准溶液，用以对校准曲线进行验证。样品分析后分别按照分析柱及验证柱的标准曲线计算各目标化合物的质量浓度ρ：

$$\rho_{yj}=\frac{A_{yj}\times\rho_{yi}}{A_{yi}\times\overline{RF_j}}$$

$$\rho_j=\frac{\rho_{yj}\times V_y}{V} \text{ 或 } w=\frac{1\,000\times\rho_{yi}\times V_y}{W}$$

式中：$\overline{RF_j}$——PCB 单体目标物j标准曲线相对响应因子的平均值；

A_{yj}——样品萃取液中 PCB 单体目标物j的峰面积；

A_{yi}——样品萃取液中内标物的峰面积；

ρ_{yi}——样品萃取液中内标物的质量浓度，ng/mL；

ρ_{yj}——样品萃取液中 PCB 单体目标物j的质量浓度，ng/mL；

ρ_j——样品中 PCB 单体目标物j的质量浓度，ng/mL；

V_y——样品萃取液的体积，mL；

V——样品体积，mL；

w——样品中 PCB 单体目标物j的质量分数，ng/kg；

W——样品质量，g。

比较两柱结果，除重叠峰外，两柱检出浓度差在 40%以内的数据为有效数据，并报分析柱结果为最终检出结果；若两柱结果相差超过 40%，应仔细检查是否有杂质峰干扰及峰面积积分是否合理，若经检查仍不能修正，应报告较大数值，以避免低估污染程度，但在报告中应给予说明，让数据使用者知道两个具体结果。对于峰受干扰的化合物则以无干扰柱的数据为准。若出现某目标物在受干扰柱上的检出浓度小于无干扰柱上的检出浓度的反常现象，则在决定结果前要仔细对照两柱数据，确认该目标物的干扰物确实不存在于样品中，或其浓度大大小于该目标物。通常低于定量检出限的结果不上最终报告。应当指出，一般项目只要求检测少数单体，但样品中，尤其是底泥样及生物样品中经常还存在其他非目标物多氯联苯单体或其他卤代烃类化合物干扰分析，尤其是当目标物浓度低时干扰更为明显。为获得更可靠的分析结果，样品前处理一定要仔细，把干扰物尽量去除，彻底净化的样品对保护色谱系统的分离效率也是至关重要的。当浓度较高时要用 GC-MS 仪器进行验证结果，而在浓度低时进一步的共面体分析则可去除非共面体单体对共面体目标化合物的干扰而获得更真实的结果（见 3.4 节）。

图3-6及表3-12是鱼体样中多氯联苯单体及有机氯农药分析的色谱图及经技术人员修正积分后的原始数据及结果。从报告看，PCB105 在柱 1 上的检出结果是 87.3 ng/mL

（萃取液中浓度，下同），而在柱 2 上检出结果是 13.5 ng/mL，从报告看二者均不受其他目标化合物干扰，这结果显然不合理，上计算机查看发现 PCB105 在柱 1 上的峰有其他杂峰干扰，故该目标物应报柱 2 结果。另外，PCB138 柱 1 结果为 131 ng/mL，柱 2 结果为 283 ng/mL，从表中知 138 在柱 1 受另一目标化合物 *p,p′*-DDT 干扰，两峰重叠，查谱图，PCB138 在柱 2 有背景干扰，而 *p,p′*-DDT 在柱 2 无干扰，其结果为 21.8 ng/mL，因此可断定 PCB 138 在柱 1 的结果必小于 131 ng/mL。故此报 131−21.8 = 109 ng/mL 为 PCB138 的检出结果。

应当说明以上定量的原则只是一般情况下通用的习惯，对于各个具体项目，由于数据的用途不同可能会有不同要求。技术人员应按项目要求，并且结合具体情况尽可能科学地报告检出结果。

另外，从表 3-12 可以看到，原始数据报表通常根据分析人员的设置，将边缘数据特殊标明，以提醒分析人员审查报告时注意。例如在表中用 f 标出保留时间飘移超过预警限的峰，用#号标出柱 2 数据与柱 1 数差别大于 25%的峰，并用 m 标出峰面积经过手动积分修正的峰（全书适用）。这些信息对于数据审查是极有帮助的。

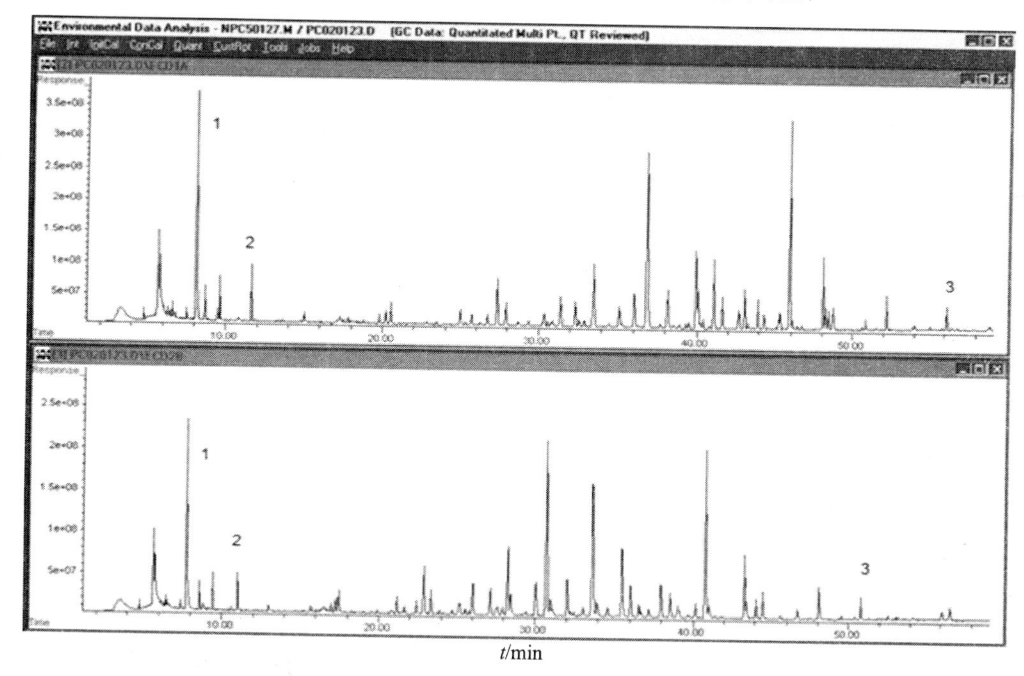

图 3-6　鱼体样中多氯联苯单体及有机氯农药分析色谱图

注：样品 1 g，加速溶剂萃取，萃取液经硅胶柱、GPC 及佛罗里达硅藻土（Florisil）小柱净化，萃取液最终体积 0.5 mL，内标法定量。峰 1、峰 2、峰 3 分别为内标物 BNB、替代标准物 DBOFB 及 OCN。色谱条件同图 3-4。

表 3-12　鱼体样中多氯联苯单体及有机氯农药分析原始数据（定量分析报告）

Operator：tx

Inst：GCECD 3

化合物		保留时间 1/min	保留时间 2/min	响应值 1	响应值 2	化合物质量浓度/（ng/mL）	化合物质量浓度/（ng/mL）
内标物系							
1）I	BNB	8.13	7.75	108 419	67 744.1e6	200.000	200.000
系统监测物（替代标准物）							
2）S	DBOFB	11.65	11.00	2 250.2e6	1 580.6e6	29.550	28.526
51）S	OCN	56.15	50.78	1 458.6e6	1 185.0e6	38.774	38.933
目标化合物							
3）	PCB 8	13.05	11.71	9 728 019	6 347 829	0.815m	0.876m
6）	PCB 18	14.78	13.19	138.5e6	14 212 189	9.379m	1.226m#
8）	β-BHC	16.37	12.59	43 399 073	19 941 948	1.192m	0.780m#
12）	PCB 52	19.84	16.97	634.4e6	444.5e6	24.083m	24.558m
14）	PCB 44	21.35	18.25	128.0e6	90 996 549	3.861m	2.359 #
15）	Oxyochlordane	24.42	20.89	228.6e6	94 491 746	3.680m	2.064m#
17）	PCB 66	25.72	21.18	906.4e6	1 055.0e6	23.303	37.577 #
19）	PCB 101	27.36	22.90	4 093.9e6	3 365.8e6	115.116	125.171
20）	γ-Chlordane	27.69	22.52	40 400 917	44 217 737	0.558m	0.880m#
21）	α-Chlordane	28.20	23.74	57 921 031	60 302 281	0.815	1.145m#
23）	*trans*-Nonachlor	28.76	24.16	116.2e6	101.4e6	1.617m	2.008m
24）	*p,p'*-DDE	30.33	25.22	881.9e6	646.7e6	13.278m	13.836
25）	Dieldrin	31.25	25.80	86 854 434	262.5e6	1.208m	5.227 #
26）	*o,p'*-DDD	31.36	26.02	2 978.8e6	2 236.4e6	71.707	98.924 #
27）	PCB 77	32.88	26.02	598.0e6	2 236.4e6	25.792m	98.924 #
29）	*o,p'*-DDT	34.84	29.60	107.4e6	24 101 690	2.433m	0.792m#
30）	PCB 118	35.08	28.45	2 056.3e6	1 594.2e6	50.584m	44.330m
32）	*p,p'*-DDD	36.39	29.12	94 507 613	64 436 558	1.613m	1.575
33）	PCB 153	36.83f	30.69	18 439.0e6	12 262.8e6	357.569	392.286
35）	PCB 105	38.15	31.12	4 349.7e6	519.4e6	87.306	13.500m#
37）	*p,p'*-DDT	39.93	33.03	6 506.7e6	753.4e6	131.188	21.812 #

化合物		保留时间1/min	保留时间2/min	响应值1	响应值2	化合物质量浓度/(ng/mL)	化合物质量浓度/(ng/mL)
38）	PCB 138	39.93	33.62	6 506.7e6	10 723.6e6	131.274	283.889 #
39）	PCB 187	41.06	35.48	5 876.9e6	5 190.7e6	133.161	146.635
40）	Endosulfan Sulfa	41.35	32.78	72 452 345	223.7e6	1.264m	5.197 #
42）	PCB 128	42.69	36.57	2 059.1e6	967.8e6	38.509	22.171 #
45）	PCB 180	45.91	40.76	13 534.5e6	10 684.2e6	275.324	269.369
46）	PCB 170	48.07	43.30	4 504.2e6	28.5e6	14.281	13.402
49）	PCB 206	54.07	50.43	204.9e6	140.3e6	4.399m	3.787

（f）=RT Delta＞1/2 Window（#）=Amounts differ by＞25%　（m）=manual int.（全书同）

3.3.5　方法质量控制与质量保证

方法建立后要按上节所述对其性能进行检验，内容包括方法的准确度、精密度及检出限。下面是作者实验室的多氯联苯单体分析的方法验证数据，供读者参考。其中：

表 3-13 为固体样品 PCB 单体及有机氯杀虫剂，加速溶剂萃取，GC-ECD 分析方法在柱 1（DB-XLB）及柱 2（DB-5MS）上的方法检出限数据。

表 3-14 为固体样品 PCB 单体及有机氯杀虫剂，加速溶剂萃取，GC-ECD 分析方法在柱 1（DB-XLB）及柱 2（DB-5MS）上的准确度及精密度数据。

表 3-15 为 PCB 单体 GC-ECD 分析方法的水、土、生物及气体样品的实用定量检出限。

表 3-13　固体样品 PCB 单体及有机氯杀虫剂，加速溶剂萃取，GC-ECD 分析方法在柱 1（DB-XLB）及柱 2（DB-5MS）上的方法检出限

目标物	测定结果 萃取液质量浓度/（ng/mL）							样品平均质量分数/（μg/kg）	掺入量/（μg/kg）	回收萃取率/%	标准偏差STD/（μg/kg）	MDL/（μg/kg）
	样品号											
	1	2	3	4	5	6	7					
柱 1												
DBOFB	28.68	27.30	25.99	26.67	23.88	30.27	30.75	2.76	5.0	55	0.244	0.76
OCN	37.53	30.54	33.22	30.43	31.45	40.75	39.88	3.48	5.0	69	0.447	1.4
PCB8	7.26	13.20	10.80	8.88	9.44	14.20	13.88	1.11	1.0	111	0.272	0.85
α-BHC	5.22	4.94	4.84	4.56	4.24	5.40	5.34	0.49	1.0	49	0.043	0.13
Hexachlorobenzene	7.32	7.12	6.72	7.34	6.16	7.54	7.48	0.71	1.0	71	0.050	0.16

目标物	测定结果 萃取液质量浓度/（ng/mL）							样品平均质量分数/（μg/kg）	掺入量/（μg/kg）	回收萃取率/%	标准偏差STD/（μg/kg）	MDL/（μg/kg）
	样品号											
	1	2	3	4	5	6	7					
PCB18	7.52	7.76	6.74	6.78	6.58	8.90	9.54	0.77	1.0	77	0.115	0.36
γ-BHC	6.80	6.16	6.14	5.96	5.50	7.82	6.12	0.64	1.0	64	0.075	0.24
β-BHC	13.44	13.88	11.56	10.48	9.08	11.82	10.88	1.16	1.0	116	0.167	0.52
PCB28	9.64	5.98	5.60	5.84	5.32	12.22	6.52	0.73	1.0	73	0.261	0.82
δ-BHC	6.94	5.42	5.66	6.00	5.52	7.20	6.54	0.62	1.0	62	0.071	0.22
Heptachlor	5.88	5.14	5.16	5.30	4.96	6.02	5.94	0.55	1.0	55	0.044	0.14
PCB52	13.84	13.28	12.04	11.38	10.74	13.16	14.64	1.27	1.0	127	0.139	0.44
Aldrin	5.52	5.08	4.86	5.04	4.44	5.38	5.72	0.51	1.0	51	0.043	0.14
PCB44	6.96	7.12	6.36	6.04	6.92	7.64	7.58	0.69	1.0	69	0.059	0.18
Oxyochlordane	8.22	7.32	7.48	7.10	6.72	8.12	8.48	0.76	1.0	76	0.065	0.20
Heptachlor Epoxide	7.68	6.72	6.90	6.68	6.28	7.36	7.82	0.71	1.0	71	0.057	0.18
PCB66	7.24	7.56	8.54	6.58	6.04	7.58	9.08	0.75	1.0	75	0.105	0.33
o,p′-DDE	8.94	8.60	8.10	7.58	7.16	9.00	9.26	0.84	1.0	84	0.079	0.25
PCB101	7.90	6.80	8.92	8.36	7.50	8.10	7.94	0.79	1.0	79	0.067	0.21
γ-Chlordane	7.74	6.88	7.10	6.92	6.38	8.24	8.22	0.74	1.0	74	0.072	0.23
α-Chlordane	7.18	6.34	6.60	6.18	5.96	7.14	7.60	0.67	1.0	67	0.060	0.19
Endosulfan I	7.58	6.44	6.82	6.40	6.30	7.10	7.54	0.69	1.0	69	0.054	0.17
trans-Nonachlor	7.74	6.14	6.84	6.38	6.10	7.60	7.68	0.69	1.0	69	0.074	0.23
p,p′-DDE	7.62	6.50	6.78	6.38	6.06	7.78	7.74	0.70	1.0	70	0.072	0.23
Dieldrin	8.34	7.20	7.56	7.22	7.02	7.96	8.40	0.77	1.0	77	0.057	0.18
o,p′-DDD	10.42	9.18	9.48	9.02	8.62	10.12	10.86	0.97	1.0	97	0.081	0.26
PCB77	7.92	5.74	6.52	5.96	6.80	7.24	7.92	0.69	1.0	69	0.087	0.27
Endrin	5.96	5.24	6.32	6.10	5.76	6.76	5.68	0.60	1.0	60	0.049	0.15
o,p′-DDT	9.54	8.30	8.34	7.84	7.46	8.92	10.08	0.86	1.0	86	0.093	0.29
PCB118	7.70	8.24	7.92	7.68	7.48	7.96	9.78	0.81	1.0	81	0.078	0.24
cis-Nonachlor	9.30	8.10	8.38	8.00	7.58	9.34	9.66	0.86	1.0	86	0.080	0.25
p,p′-DDD	7.32	6.18	6.30	6.38	5.70	7.10	7.42	0.66	1.0	66	0.065	0.21
PCB153	8.16	7.60	7.14	7.26	7.54	8.32	8.58	0.78	1.0	78	0.055	0.17
Edosulfan Ⅱ	6.08	5.60	5.46	5.52	5.04	6.18	5.72	0.57	1.0	57	0.039	0.12
PCB105	18.32	16.60	11.94	13.12	11.42	20.30	15.90	1.54	1.0	154	0.335	1.05
Endrin Aldehyde	5.70	4.98	5.70	5.82	5.04	5.26	5.24	0.54	1.0	54	0.034	0.11
PCB138	16.60	13.96	14.30	14.58	13.36	16.66	16.96	1.52	1.0	152	0.149	0.47
p,p′-DDT	16.56	13.92	14.26	14.24	13.34	16.62	16.92	1.51	1.0	151	0.151	0.47

目标物	测定结果 萃取液质量浓度/(ng/mL) 样品号							样品平均质量分数/(μg/kg)	掺入量/(μg/kg)	回收萃取率/%	标准偏差STD/(μg/kg)	MDL/(μg/kg)
	1	2	3	4	5	6	7					
PCB187	12.74	10.46	11.06	10.62	10.36	13.08	13.26	1.17	1.0	117	0.131	0.41
Endosulfan Sulfate	8.94	7.62	8.04	7.66	7.52	8.96	9.00	0.82	1.0	82	0.069	0.22
PCB126	9.20	8.42	9.90	9.04	8.98	11.92	12.94	1.01	1.0	101	0.170	0.54
PCB128	10.70	10.18	10.46	9.62	10.00	10.16	12.76	1.06	1.0	106	0.103	0.32
Methoxychlor	8.62	9.66	7.60	7.36	7.86	8.56	8.22	0.83	1.0	83	0.077	0.24
Endrin Ketone	9.58	7.96	8.04	7.24	7.52	7.80	8.96	0.82	1.0	82	0.083	0.26
PCB180	8.90	7.52	7.36	7.16	6.98	9.42	9.72	0.82	1.0	82	0.116	0.36
PCB170	8.88	7.90	8.20	8.08	7.36	9.56	9.60	0.85	1.0	85	0.086	0.27
Mirex	9.82	8.52	8.96	8.52	8.26	10.50	10.64	0.93	1.0	93	0.099	0.31
PCB195	9.82	8.44	8.64	9.12	8.28	8.42	10.02	0.90	1.0	90	0.071	0.22
PCB206	11.02	12.34	8.78	9.94	8.10	27.96	16.88	1.36	1.0	136	0.698	2.19
PCB209	9.96	8.86	8.80	8.64	8.46	10.70	10.42	0.94	1.0	94	0.093	0.29
柱2												
DBOFB #2	33.86	30.86	30.20	31.34	29.06	34.22	32.41	3.17	5.0	63	0.190	0.60
OCN #2	42.70	33.01	35.73	34.77	33.84	44.78	39.42	3.78	5.0	76	0.461	1.45
PCB8 #2	9.88	21.24	11.44	7.70	7.32	10.00	10.16	1.11	1.0	111	0.470	1.48
α-BHC #2	5.78	5.36	5.26	5.46	4.74	6.04	5.52	0.55	1.0	55	0.041	0.13
Hexachlorobenzene #2	5.60	5.94	4.98	5.72	4.58	6.70	5.34	0.56	1.0	56	0.069	0.22
PCB18 #2	11.52	11.96	12.02	11.66	9.92	11.18	18.36	1.24	1.0	124	0.273	0.86
γ-BHC #2	5.92	5.70	5.64	5.76	5.16	6.00	5.80	0.57	1.0	57	0.027	0.09
β-BHC #2	6.04	5.92	5.22	6.10	4.56	6.66	6.20	0.58	1.0	58	0.070	0.22
PCB28 #2	6.20	6.02	10.24	11.62	9.92	14.14	11.36	0.99	1.0	99	0.294	0.92
δ-BHC #2	7.08	5.70	6.26	6.40	5.48	7.14	6.86	0.64	1.0	64	0.066	0.21
Heptachlor #2	9.92	11.98	11.46	12.14	10.18	13.56	8.76	1.11	1.0	111	0.162	0.51
PCB52 #2	13.68	13.34	12.72	12.44	11.84	13.92	13.94	1.31	1.0	131	0.081	0.25
Aldrin #2	12.26	11.18	11.10	11.22	10.38	12.80	12.26	1.16	1.0	116	0.085	0.27
PCB44 #2	12.26	11.18	11.10	11.22	10.38	12.80	12.26	1.16	1.0	116	0.085	0.27
Oxyochlordane #2	9.90	8.62	8.76	8.92	7.96	10.92	9.42	0.92	1.0	92	0.097	0.30
Heptachlor Epoxide #2	8.46	7.04	7.12	7.38	6.62	8.00	7.40	0.74	1.0	74	0.062	0.19
PCB66 #2	6.98	7.14	7.68	7.20	7.72	7.20	6.14	0.72	1.0	72	0.053	0.17
o,p'-DDE #2	8.66	7.60	8.04	7.44	7.04	8.70	8.36	0.80	1.0	80	0.064	0.20
PCB101 #2	6.26	4.18	6.42	5.48	6.58	7.54	6.40	0.61	1.0	61	0.105	0.33
γ-Chlordane #2	8.32	7.22	7.58	7.10	6.88	8.14	7.90	0.76	1.0	76	0.055	0.17

目标物	测定结果 萃取液质量浓度/（ng/mL）							样品平均质量分数/（μg/kg）	掺入量/（μg/kg）	回收萃取率/%	标准偏差STD/（μg/kg）	MDL/（μg/kg）
	样品号											
	1	2	3	4	5	6	7					
α-Chlordane #2	8.82	7.82	8.26	7.88	7.80	8.62	8.44	0.82	1.0	82	0.041	0.13
Endosulfan I #2	8.18	6.94	7.60	7.22	7.12	7.72	7.48	0.75	1.0	75	0.042	0.13
trans-Nonachlor #2	9.60	8.22	8.78	8.32	8.04	9.46	9.08	0.88	1.0	88	0.062	0.19
p,p'-DDE #2	7.92	6.54	7.10	6.76	6.60	7.86	7.30	0.72	1.0	72	0.057	0.18
Dieldrin #2	7.90	6.42	7.22	6.96	6.80	7.40	7.04	0.71	1.0	71	0.047	0.15
o,p'-DDD #2	18.06	14.88	15.80	14.88	14.06	14.90	15.98	1.55	1.0	155	0.130	0.41
PCB77 #2	18.32	15.02	15.54	15.14	15.26	15.18	16.56	1.59	1.0	159	0.120	0.38
Endrin #2	11.66	11.28	10.46	10.40	9.40	11.84	10.44	1.08	1.0	108	0.086	0.27
o,p'-DDT #2	10.00	8.66	8.60	8.14	7.88	9.06	9.46	0.88	1.0	88	0.074	0.23
PCB118 #2	14.20	11.14	12.40	11.90	11.16	14.80	11.58	1.25	1.0	125	0.147	0.46
cis-Nonachlor#2	9.92	8.60	9.00	8.70	8.40	9.64	9.28	0.91	1.0	91	0.056	0.18
p,p'-DDD #2	7.02	6.06	5.80	5.94	5.34	6.68	6.52	0.62	1.0	62	0.058	0.18
PCB153 #2	12.06	10.30	10.48	10.00	9.42	10.50	11.66	1.06	1.0	106	0.092	0.29
Edosulfan II #2	14.18	11.12	12.36	11.88	11.14	14.76	11.56	1.24	1.0	124	0.147	0.46
PCB105 #2	5.58	6.54	7.42	5.04	6.42	44.68	4.66	1.15	1.0	115	1.467	4.61
Endrin Aldehyde #2	5.68	4.94	5.00	5.12	5.20	5.00	5.58	0.52	1.0	52	0.030	0.09
PCB138 #2	9.62	6.86	8.64	8.12	8.26	7.82	8.10	0.82	1.0	82	0.083	0.26
p,p'-DDT #2	10.20	7.90	7.54	7.54	7.32	9.20	9.54	0.85	1.0	85	0.116	0.36
PCB187 #2	8.70	7.06	7.76	7.44	7.38	8.72	8.08	0.79	1.0	79	0.065	0.20
Endosulfan Sulfate #2	17.00	16.60	14.08	16.90	14.10	19.60	15.18	1.62	1.0	162	0.195	0.61
PCB126 #2	7.82	6.86	5.90	6.30	5.80	7.84	7.26	0.68	1.0	68	0.086	0.27
PCB128 #2	9.10	6.42	7.84	7.86	7.48	8.92	8.54	0.80	1.0	80	0.093	0.29
Methoxychlor #2	8.58	7.88	7.50	9.02	7.56	8.02	8.70	0.82	1.0	82	0.059	0.19
Endrin Ketone #2	10.00	8.42	8.86	8.48	8.50	9.10	9.38	0.90	1.0	90	0.058	0.18
PCB180 #2	8.48	7.68	7.56	7.18	7.10	9.90	9.26	0.82	1.0	82	0.108	0.34
PCB170 #2	8.96	7.30	7.88	7.62	7.42	8.88	8.18	0.80	1.0	80	0.067	0.21
Mirex #2	11.08	9.60	10.18	9.56	9.54	10.88	10.52	1.02	1.0	102	0.065	0.20
PCB195 #2	10.16	7.60	8.82	8.20	8.34	9.74	9.40	0.89	1.0	89	0.092	0.29
PCB206 #2	10.02	8.54	8.58	8.50	8.64	10.10	9.26	0.91	1.0	91	0.071	0.22
PCB209 #2	10.78	8.88	9.68	9.74	9.88	13.44	9.84	1.03	1.0	103	0.148	0.47

* 样品纯净砂 10 g，加目标物各 10 ng，加速溶剂萃取，萃取液经硅胶柱、GPC 及佛罗里达硅藻土（Florisil）小柱净化，萃取液最终体积 0.5 mL，内标法定量。色谱条件同图 3-4。

表 3-14 固体样品 PCB 单体及有机氯杀虫剂，加速溶剂萃取，GC-ECD 分析方法在柱 1（DB-XLB）及柱 2（DB-5MS）上的准确度及精密度

目标物	测定结果 萃取液质量浓度/（ng/mL） Data file ID				样品平均质量分数/（μg/kg）	掺入量/（μg/kg）	回收萃取率/%	标准偏差 STD/（μg/kg）	相对标准偏差/%
	P011504.D	P011505.D	P011506.D	P011507.D					
柱 1									
DBOFB	59.9	56.4	56.5	54.6	5.7	10	56.9	2.2	3.9
OCN	65.2	81.2	79.7	70.6	7.4	10	74.2	7.6	10.2
PCB8	61.8	60.3	58.2	61.3	6.0	10	60.4	1.6	2.6
α-BHC	65.6	61.7	61.8	60.5	6.2	10	62.4	2.2	3.5
Hexachlorobenzene	72.0	68.5	68.9	67.3	6.9	10	69.2	2.0	2.9
PCB18	65.7	58.1	58.3	60.7	6.1	10	60.7	3.5	5.8
γ-BHC	67.9	64.9	63.1	61.8	6.4	10	64.4	2.6	4.1
β-BHC	87.7	83.0	82.1	78.8	8.3	10	82.9	3.6	4.4
PCB28	67.6	64.1	64.0	63.0	6.5	10	64.7	2.0	3.1
δ-BHC	72.3	72.9	71.8	69.3	7.2	10	71.6	1.6	2.2
Heptachlor	65.3	61.8	61.6	59.9	6.2	10	62.2	2.2	3.6
PCB52	66.8	63.4	63.1	60.6	6.3	10	63.5	2.5	4.0
Aldrin	62.5	61.5	61.3	58.8	6.1	10	61.0	1.6	2.6
PCB44	67.4	64.7	64.4	62.0	6.5	10	64.6	2.2	3.4
Oxyochlordane	82.7	81.5	81.4	77.2	8.1	10	80.7	2.4	3.0
Heptachlor Epoxide	77.8	78.4	78.4	72.4	7.7	10	76.7	2.9	3.8
PCB66	72.9	71.5	71.8	69.0	7.1	10	71.3	1.6	2.3
o,p'-DDE	90.0	89.8	90.0	85.3	8.9	10	88.8	2.3	2.6
PCB101	82.0	79.6	81.9	78.4	8.0	10	80.5	1.8	2.2
γ-Chlordane	81.6	81.2	82.3	77.6	8.1	10	80.7	2.1	2.6
α-Chlordane	75.8	74.6	75.9	71.4	7.4	10	74.4	2.1	2.8
Endosulfan I	73.3	74.9	75.4	68.6	7.3	10	73.1	3.1	4.2
trans-Nonachlor	83.3	82.0	83.8	78.2	8.2	10	81.8	2.5	3.1
p,p'-DDE	84.0	84.7	85.3	79.3	8.3	10	83.3	2.7	3.3
Dieldrin	78.0	82.6	83.1	74.9	8.0	10	79.6	3.9	4.9
o,p'-DDD	85.1	89.4	90.4	81.0	8.6	10	86.5	4.3	5.0
PCB77	69.0	80.1	74.0	69.1	7.3	10	73.1	5.2	7.2
Endrin	77.4	84.0	80.2	76.3	7.9	10	79.5	3.4	4.3
o,p'-DDT	89.6	94.3	95.2	87.6	9.2	10	91.7	3.7	4.0
PCB118	76.4	81.7	80.8	77.0	7.9	10	79.0	2.7	3.4

目标物	测定结果 萃取液质量浓度/（ng/mL） Data file ID				样品平均质量分数/（μg/kg）	掺入量/（μg/kg）	回收萃取率/%	标准偏差STD/（μg/kg）	相对标准偏差/%
	P011504.D	P011505.D	P011506.D	P011507.D					
cis-Nonachlor	93.3	97.6	99.3	89.7	9.5	10	95.0	4.3	4.5
p,p'-DDD	81.0	88.2	87.9	79.0	8.4	10	84.0	4.7	5.6
PCB153	79.7	81.8	82.6	76.3	8.0	10	80.1	2.8	3.5
Edosulfan II	70.2	77.0	78.1	68.7	7.3	10	73.5	4.7	6.4
PCB105	92.5	101.3	126.8	112.7	10.8	10	108.3	14.8	13.7
Endrin Aldehyde	57.1	67.0	64.3	57.3	6.1	10	61.4	5.0	8.2
PCB138	163.7	175.6	176.5	160.6	16.9	10	169.1	8.1	4.8
p,p'-DDT	163.4	175.2	176.1	160.3	16.9	10	168.8	8.1	4.8
PCB187	85.7	89.7	91.6	82.8	8.7	10	87.5	3.9	4.5
Endosulfan Sulfate	82.0	91.9	92.8	82.0	8.7	10	87.2	6.0	6.9
PCB126	81.5	91.3	90.7	83.6	8.7	10	86.7	5.0	5.7
PCB128	79.3	85.9	85.2	77.9	8.2	10	82.1	4.1	4.9
Methoxychlor	77.9	89.0	88.5	78.5	8.3	10	83.5	6.1	7.3
Endrin Ketone	86.4	91.7	94.0	83.3	8.9	10	88.9	4.9	5.5
PCB180	80.3	84.8	85.3	77.0	8.2	10	81.9	3.9	4.8
PCB170	80.7	89.3	96.5	79.5	8.7	10	86.5	8.0	9.2
Mirex	89.5	91.5	93.1	85.6	9.0	10	89.9	3.3	3.6
PCB195	88.5	97.8	98.0	87.2	9.3	10	92.9	5.9	6.3
PCB206	87.4	97.7	96.4	87.8	9.2	10	92.3	5.5	5.9
PCB209	83.4	91.6	91.7	85.5	8.8	10	88.0	4.2	4.8
柱 2									
DBOFB #2	32.1	30.6	30.3	29.8	3.1	10	30.7	1.0	3.1
OCN #2	36.5	44.2	48.8	42.6	4.3	10	43.0	5.1	11.8
PCB8 #2	67.5	66.2	60.5	64.0	6.5	10	64.6	3.1	4.7
α-BHC #2	64.2	59.5	59.8	57.6	6.0	10	60.3	2.8	4.7
Hexachlorobenzene #2	65.7	59.5	58.7	59.9	6.1	10	60.9	3.2	5.2
PCB18 #2	87.2	58.8	63.2	74.9	7.1	10	71.0	12.7	17.9
γ-BHC #2	64.1	58.7	58.0	58.3	6.0	10	59.8	2.9	4.8
β-BHC #2	69.4	60.6	62.5	64.5	6.4	10	64.3	3.8	5.9
PCB28 #2	69.1	65.9	64.8	64.7	6.6	10	66.1	2.0	3.1
δ-BHC #2	67.0	65.7	67.1	63.5	6.6	10	65.8	1.7	2.5
Heptachlor #2	67.3	65.7	63.7	64.2	6.5	10	65.2	1.6	2.5
PCB52 #2	58.1	56.2	55.0	54.5	5.6	10	55.9	1.6	2.9

目标物	测定结果 萃取液质量浓度/（ng/mL） Data file ID				样品平均质量分数/（μg/kg）	掺入量/（μg/kg）	回收萃取率/%	标准偏差STD/（μg/kg）	相对标准偏差/%
	P011504.D	P011505.D	P011506.D	P011507.D					
Aldrin #2	138.8	130.5	134.8	127.0	13.3	10	132.8	5.1	3.8
PCB44 #2	138.8	130.5	134.8	127.0	13.3	10	132.8	5.1	3.8
Oxychlordane #2	88.8	83.9	87.5	80.8	8.5	10	85.3	3.7	4.3
Heptachlor Epoxide #2	72.6	71.7	74.7	68.2	7.2	10	71.8	2.7	3.8
PCB66 #2	70.2	67.6	70.0	66.5	6.9	10	68.6	1.8	2.6
o,p'-DDE #2	88.4	80.6	88.6	81.8	8.5	10	84.8	4.3	5.0
PCB101 #2	79.5	57.2	78.3	72.9	7.2	10	72.0	10.2	14.2
γ-Chlordane #2	76.3	74.4	77.8	73.8	7.6	10	75.6	1.8	2.4
α-Chlordane #2	79.2	76.2	79.7	72.3	7.7	10	76.8	3.4	4.4
Endosulfan I #2	71.3	72.3	74.4	67.1	7.1	10	71.3	3.1	4.3
trans-Nonachlor #2	88.9	85.4	89.9	81.9	8.7	10	86.5	3.6	4.2
p,p'-DDE #2	74.7	74.2	76.0	70.1	7.4	10	73.7	2.6	3.5
Dieldrin #2	74.3	76.1	79.0	70.1	7.5	10	74.9	3.7	5.0
o,p'-DDD #2	164.7	170.7	176.2	157.7	16.7	10	167.3	7.9	4.7
PCB77 #2	167.7	173.8	179.4	160.6	17.0	10	170.3	8.1	4.7
Endrin #2	86.2	88.9	89.8	83.0	8.7	10	87.0	3.0	3.5
o,p'-DDT #2	84.0	85.0	89.5	80.9	8.5	10	84.8	3.6	4.2
PCB118 #2	138.6	144.4	151.5	133.1	14.2	10	141.9	7.9	5.5
cis-Nonachlor#2	92.4	94.1	99.3	87.9	9.3	10	93.4	4.7	5.0
p,p'-DDD #2	74.7	79.3	83.1	72.1	7.7	10	77.3	4.9	6.3
PCB153 #2	74.6	74.5	78.3	70.1	7.4	10	74.4	3.3	4.5
Edosulfan II #2	138.4	144.1	151.2	132.9	14.2	10	141.7	7.8	5.5
PCB105 #2	76.1	78.3	82.1	74.1	7.8	10	77.6	3.4	4.4
Endrin Aldehyde #2	53.5	62.0	59.5	51.7	5.7	10	56.7	4.8	8.5
PCB138 #2	73.5	75.7	78.7	70.9	7.5	10	74.7	3.3	4.4
p,p'-DDT #2	81.5	86.9	91.0	81.4	8.5	10	85.2	4.6	5.4
PCB187 #2	71.5	73.0	75.8	68.4	7.2	10	72.2	3.1	4.2
Endosulfan Sulfate #2	93.2	102.5	128.8	110.5	10.9	10	108.8	15.1	13.9
PCB126 #2	70.9	79.1	80.3	62.1	7.3	10	73.1	8.4	11.6
PCB128 #2	74.6	79.0	81.2	73.0	7.7	10	76.9	3.8	5.0
Methoxychlor #2	78.1	86.6	88.9	78.9	8.3	10	83.1	5.4	6.5
Endrin Ketone #2	81.4	88.8	93.7	79.9	8.6	10	86.0	6.5	7.5
PCB180 #2	84.8	88.7	90.4	82.7	8.7	10	86.7	3.5	4.1

目标物	测定结果 萃取液质量浓度/（ng/mL）				样品平均质量分数/（μg/kg）	掺入量/（μg/kg）	回收萃取率/%	标准偏差STD/（μg/kg）	相对标准偏差/%
	Data file ID								
	P011504.D	P011505.D	P011506.D	P011507.D					
PCB170 #2	73.7	81.7	84.3	75.5	7.9	10	78.8	5.0	6.4
Mirex #2	86.7	87.6	92.2	83.2	8.7	10	87.4	3.7	4.2
PCB195 #2	83.2	91.9	93.5	83.3	8.8	10	88.0	5.5	6.2
PCB206 #2	85.1	93.1	97.0	85.5	9.0	10	90.2	5.8	6.5
PCB209 #2	89.9	97.0	100.7	88.5	9.4	10	94.0	5.8	6.2

注：样品纯净砂10 g，加目标物各10 ng，加速溶剂萃取，萃取液经硅胶柱、GPC及佛罗里达硅藻土（Florisil）小柱净化，萃取液最终体积0.5 mL，内标法定量。色谱条件同图3-4。

表3-15　PCB单体GC-ECD分析方法的水、土、生物及气体样品的实用定量检出限

序号	PCB单位	实用定量检出限			
		水/（ng/L）	土/（μg/kg）	生物/（μg/kg）	空气/（$\mu g/m^3$）
1	PCB8	2.5	0.25	2.5	12.5
2	PCB18	2.5	0.25	2.5	12.5
3	PCB28	2.5	0.25	2.5	12.5
4	PCB44	2.5	0.25	2.5	12.5
5	PCB52	2.5	0.25	2.5	12.5
6	PCB66	2.5	0.25	2.5	12.5
7	PCB101	2.5	0.25	2.5	12.5
8	PCB77	2.5	0.25	2.5	12.5
9	PCB118	2.5	0.25	2.5	12.5
10	PCB153	2.5	0.25	2.5	12.5
11	PCB105	2.5	0.25	2.5	12.5
12	PCB138	2.5	0.25	2.5	12.5
13	PCB187	2.5	0.25	2.5	12.5
14	PCB126	2.5	0.25	2.5	12.5
15	PCB128	2.5	0.25	2.5	12.5
16	PCB180	2.5	0.25	2.5	12.5
17	PCB170	2.5	0.25	2.5	12.5
18	PCB195	2.5	0.25	2.5	12.5
19	PCB206	2.5	0.25	2.5	12.5
20	PCB209	2.5	0.25	2.5	12.5

注：1) 水样1 L，摇瓶萃取；土样10 g，加速溶剂萃取；生物样1 g，加速溶剂萃取；气样200 m^3，索氏萃取。GC/ECD双柱系统。

2）这里没有提供具体色谱条件，因为不是在特定条件下得到的数据。

应当指出上述的方法性能检验受配制加标样品的基质影响很大。一般情况下，土样、沉积物样及生物样均采用纯净砂为加标基质，显然这种基质与实际样品基质完全不同。尤其气样是直接将目标物加到吸附材料进行萃取，只验证了萃取、净化及分析，并未涉及从样品中采集目标物部分。为更准确地评价方法性能，有条件时要通过分析使用国家或国际上公认的标准参照物（Standard Reference Material，SRM）对方法进行验证。使用标准参照物时要注意标准参照物是由实际的污染样品加工而成，认定值是由权威机构的不同实验室用最先进的技术多次分析并经统计处理而得，所表示的数值应当最接近实际数值。然而一般实验室通常所采用的分析方法与获得认定值的分析方法相差很大，例如权威机构使用色谱及高分辨率质谱联机分析，而普通实验室使用色谱电子捕获检测器分析，这二者在定性的可靠性上是无法相比的；样品前处理过程不同，也可导致回收率的差别，尤其是在日常分析中实验室通常不对分析结果进行回收率修正，而标准参照物的认定值是技术上能获得的最接近实际值的数值，该数值是在分析结果的基础上修正了包括回收率在内的各种误差而得；标准参照物由环境中实际受污染的样品而来，污染成分复杂，权威机构认定分析时是针对所有的可能污染物，例如，多氯联苯单体，所有209 种单体都要分析，而一般实验室通常只有部分特定的单体目标物，当某目标物与样品中某非目标物的保留时间在分析柱及验证柱上都非常接近时，定性错误难以避免；另外如何保证样品，尤其是含水分生物样品，在贮存过程中保持不变并非容易。因此实验室分析结果与标准参照样品，尤其是生物基质样品的认定值有较大差别是很常见的。技术人员在比较数据时应深入分析，找出确属于自己方法操作中引起误差的具体原因。表 3-16 是笔者实验室两个标准参照物分析结果与认定值的比较。从结果可看出大多数目标物的分析结果低于认定值 10%～60%，回收率在 40%～90%，这是因为没进行回收率校正，属于正常；2 号参照物中 PCB52 的分析值明显是由于其他非极性多氯有机物干扰引起的定性错误；其他回收率高于 100%的结果则很可能是由于样品中的其他有机氯化合物和非目标物的多氯联苯单体的影响所致。

表 3-16　两个标准参照物分析结果与认定值的比较

目标物	标准参照物 1				标准参照物 2			
	实验室分析结果/（μg/kg）	认定值/（μg/kg）	百分差/%	回收率/%	实验室分析结果/（μg/kg）	认定值/（μg/kg）	百分差/%	回收率/%
PCB18	2.23	4.48	–50	50	6.83	＜5	—	—
PCB28	6	14.1	–57	43	11.5	＜5	—	—
PCB44	6.2	12.2	–49	51	7.33	—	—	—
PCB52	96.8	43.6	122	222	61.7	3.78	1 532	1 632

目标物	标准参照物 1				标准参照物 2			
	实验室分析结果/（μg/kg）	认定值/（μg/kg）	百分差/%	回收率/%	实验室分析结果/（μg/kg）	认定值/（μg/kg）	百分差/%	回收率/%
PCB66/95	21.2	57.4	−63	37	3.03	3.44	−12	88
PCB101	72.5	65.2	11	111	10.9	8.3	31	131
PCB105	27.1	30.1	−10	90	12.5	18	−31	69
PCB118	50	74.6	−33	67	41	58.4	−30	70
PCB128	18	23.7	−24	76	8.8	12	−27	73
PCB138	94.9	131.5	−28	72	111	229	−52	48
PCB153	134	213	−37	63	936	1 607	−42	58
PCB170	23.2	40.6	−43	57	231	309	−25	75
PCB180	86.8	107	−19	81	457	653	−30	70
PCB187	83	105	−21	79	5.7	10.1	−44	56
PCB195	12.8	17.7	−28	72	8.93	4.18	114	214
PCB206	31.4	31.1	1	101	25.8	32.4	−20	80
PCB209	15	10.6	42	142	16.4	12.3	33	133

注：1）标准参照物为含水分鱼样；浓度为湿样浓度；分析结果为三个重复样品分析结果的平均值。
2）样品前处理：加速溶剂萃取，硅胶柱、GPC 及佛罗里达硅藻土小柱净化；分析方法：有机氯农药及多氯联苯单体同时分析，GC-ECD 双柱，色谱条件同图 3-4。

总之，质量控制、质量保证是所有环境分析的核心，多氯联苯单体分析也不例外。由于数据的用途不同，不同的项目对于质量控制、数据报告及目标化合物有着不同的要求，技术人员应根据项目具体要求建立质控标准和分析、报告程序。对于没有明确要求的项目，质量控制及质量保证要按实验室的常规要求执行。其中标准曲线及标准曲线验证，样品中实验室空白样及空白加标控制样是必不可少的。实验室空白样中目标化合物不得高于定量检出限；空白加标各目标物的回收率应在 30%～150%。

参考文献

美国 EPA 标准分析方法 8000，8081，8082，8270.

3.4 多氯联苯共面体单体分析

3.4.1 方法概述

如前言中所述，多氯联苯单体按其分子形状分为共面体（coplanar）与非共面体（non-coplanar）两类。共面体多氯联苯的结构类似多氯二噁英类化合物，其生理毒性远远强于非共面体多氯联苯。尤其是其中12个被称为二噁英类多氯联苯的共面体，其毒性可类比于多氯二噁英类化合物，它们在环境中也更为稳定，其环境影响要远比非共面单体大。为准确评价多氯联苯的污染状况，即使在共面体多氯联苯的浓度远低于其他非共面体单体的情况下，也必须了解其在样品中的具体含量。因而在分析样品中二噁英类多氯联苯这类化合物时，灵敏度及准确度都要求更高。表3-17及表3-18分别为美国国家大气及海洋管理局及联合国环境规划署二噁英类多氯联苯单体目标化合物。

表3-17 美国国家大气及海洋管理局二噁英类多氯联苯单体目标化合物

化学名称	单体代号	CAS登记号
3,3′,4,4′-Tetrachlorobiphenyl	PCB77	32598-13-3
3,4,4′,5-Tetrachlorobiphenyl	PCB81	70362-50-4
2,3,3′,4,4′-Pentachlorobiphenyl	PCB105	32598-14-4
2,3,4,4′,5-Pentachlorobiphenyl	PCB114	74472-37-0
2,3′,4,4′,5-Pentachlorobiphenyl	PCB118	31508-00-6
2,3′,4,4′,5′-Pentachlorobiphenyl	PCB123	65510-44-3
3,3′,4,4′,5-Pentachlorobiphenyl	PCB126	57465-28-8
2,3,3′,4,4′,5-Hexachlorobiphenyl	PCB156	38380-08-4
2,3,3′,4,4′,5′-Hexachlorobiphenyl	PCB157	69782-90-7
2,3′,4,4′,5,5′-Hexachlorobiphenyl	PCB167	52663-72-6
2,3,3′,4,4′,5,5′-Heptachlorobiphenyl	PCB189	39635-31-9

表3-18 联合国环境规划署持久性有机污染物中二噁英类多氯联苯单体目标化合物

化学名称	单体代号	CAS登记号
3,3′,4,4′-Tetrachlorobiphenyl	PCB77	32598-13-3
3,4,4′,5-Tetrachlorobiphenyl	PCB81	70362-50-4
2,3,3′,4,4′-Pentachlorobiphenyl	PCB105	32598-14-4
2,3,4,4′,5-Pentachlorobiphenyl	PCB114	74472-37-0
2,3′,4,4′,5-Pentachlorobiphenyl	PCB118	31508-00-6
2,3′,4,4′,5′-Pentachlorobiphenyl	PCB123	65510-44-3
3,3′,4,4′,5-Pentachlorobiphenyl	PCB126	57465-28-8
2,3,3′,4,4′,5-Hexachlorobiphenyl	PCB156	38380-08-4
2,3,3′,4,4′,5′-Hexachlorobiphenyl	PCB157	69782-90-7
2,3′,4,4′,5,5′-Hexachlorobiphenyl	PCB167	52663-72-6
3,3′,4,4′,5,5′-Hexachlorobiphenyl	PCB169	32774-16-6
2,3,3′,4,4′,5,5′-Heptachlorobiphenyl	PCB189	39635-31-9

从3.3多氯联苯单体分析中可以了解到在分析多氯联苯单体时干扰最大的是有机氯农药和非目标物的多氯联苯单体，其中有机氯农药不难通过样品前处理的净化步骤除去，然而在前述样品前处理中所讨论的净化步骤都是利用目标物与干扰物极性的差别或分子大小的区别进行的。在这些过程中多氯联苯单体是作为同一类化合物分出的，它们彼此间的分离完全靠最后的气相色谱来完成。虽然在单体目标化合物标样的色谱图上各峰得到完美的分离，但从3.3鱼样及标准参照样的分析例子中可以清楚看到实际样品中所含的其他非目标化合物的多氯联苯单体会影响目标物单体的分析，尤其是当目标物是共面体，而浓度又远低于非共面体的干扰物的浓度时，既可能引起共面体目标化合物的漏检，又可能将非共面体当成共面体目标化合物检出，这两种结果都是不能接受的。显而易见，为获得可靠的多氯联苯共面体单体的分析数据，尤其是在低浓度的情况下，仅第二章中所讲述的样品净化是不够的，在进仪器分析之前还必须将非共面体与共面体分开。这两类单体在立体结构上的实质性差别为这种分离提供了有利的条件，利用石墨填充的液相色谱柱很容易完成这种分离。共面体单体与同样是平面结构的石墨分子间的亲和力要远强于非共面体单体，当单体混合物进入石墨柱后，非共面体单体会迅速随移动相流出，而共面体单体则被吸附保留于柱内，再用溶剂反洗把共面体提出。整个分析步骤是首先按分析单体的步骤对样品进行前处理，再将净化后的多氯联苯萃取液进行共面体与非共面体的分离，然后分别进仪器按分析多氯联苯单体的方法进行分析。

3.4.2 共面体多氯联苯与非共面体多氯联苯的分离

分析的第一步是将经净化后的多氯联苯萃取液进行共面体与单体的分组分离。净化后的萃取液中含多氯联苯目标化合物及在样品萃取前加入的替代标准物二溴八氟联苯及八氯萘，其中二溴八氟联苯属于非共面体，而八氯萘属于共面体。这两个替代标准物将分别作为非共面体单体及共面体单体的回收率指示物。

分组分离可运用传统液相色谱柱手工进行，亦可使用液相色谱仪与自流相转化器和自动接样器联机，由计算机控制，半自动进行，最先进的全自动分离仪器则由前面的半自动仪器加上自动进样器。无论什么方法，整个分组分离的核心都是液相色谱柱。在手工分离中最容易掌握的是用石墨填充的、可以转向的小柱进行分离。萃取液装入小柱后用少量溶剂将非共面体洗脱出，然后将柱倒置，再用溶剂将吸附在柱内的共面体洗出。必须转向的原因是共面体与石墨的亲和力很强，进柱后多数聚于柱头，不易正向提取。也有人利用共面体极性稍强于非共面体的性质，用硅胶柱进行分离，这种情况虽不需转向，但由于二者极性差别有限，分离不易控制。由于各共面体单体各自在柱内的保留特性并不完全相同，故对色谱柱的校正是做好分离工作的关键。要控制好溶剂的加入量及流速，使非共面体完全析出，而同时保证在倒置柱之前没有任何共面体流出。在填充分离柱时要保证各柱完全一致，并严格按照校正好的程序进行分离。为保证各柱的一致最好的办法是购买市售的净化小柱。本节在这里着重介绍笔者实验室所使用的半自动分离技术。

3.4.2.1　仪器设施

共面体与非共面体分离设备由下列部分组成：高压液相色谱仪，双柱自动转换阀，紫外检测器，分配阀，流分自动接收器，色谱记录仪，色谱柱 Thermo Quest 7 m Hypercarb 100 mm × 4.6 mm。石墨柱工作时柱头压力低于 50 个大气压，非高压区，对液相色谱仪要求不高，只要能进行梯度洗脱即可。双柱自动转换阀用于改变柱中流动相的方向，分配阀用于控制色谱流出物进入流分自动接收器或废液接收瓶。双柱自动转换阀是个双通道阀门，原设计用来切换色谱柱用，在这里用做转换色谱柱中流动相的方向。图 3-7 是其工作原理示意图。阀门转换前 1、2 相通，3、4 相通，色谱柱中流动相方向由左至右；阀门转换后 1、4 相通，2、3 相通，色谱柱中流动相方向由右至左。

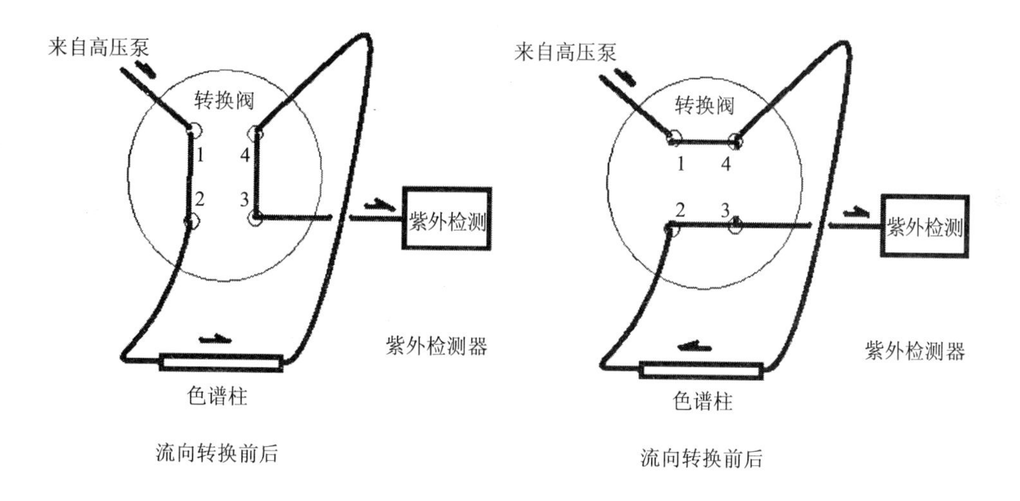

图 3-7　流动相转向示意图

图 3-8 为整套分离仪器装置的照片。操作时用注射器将样品注入高压液相色谱进样阀，非共面体迅速随流动相流出色谱柱，经过转向阀进入紫外检测器，然后经分配阀进入自动流分接收器，收集于流分 1 接收瓶中，而共面体却滞留于色谱柱内；当全部非共面体通过流向转向阀后，转向阀启动，移动相在柱中方向倒转，将滞留于柱中的共面体反洗出来，经检测器进入自动流分接收器，收集于流分 2 接收瓶中。为防止分离柱内产生气泡，移动相溶剂要用氦气鼓泡除气。通常在仪器使用前用 100 mL/min 的氦气在溶

剂瓶内鼓泡，30 min 后，改为 30 mL/min 即可开机。

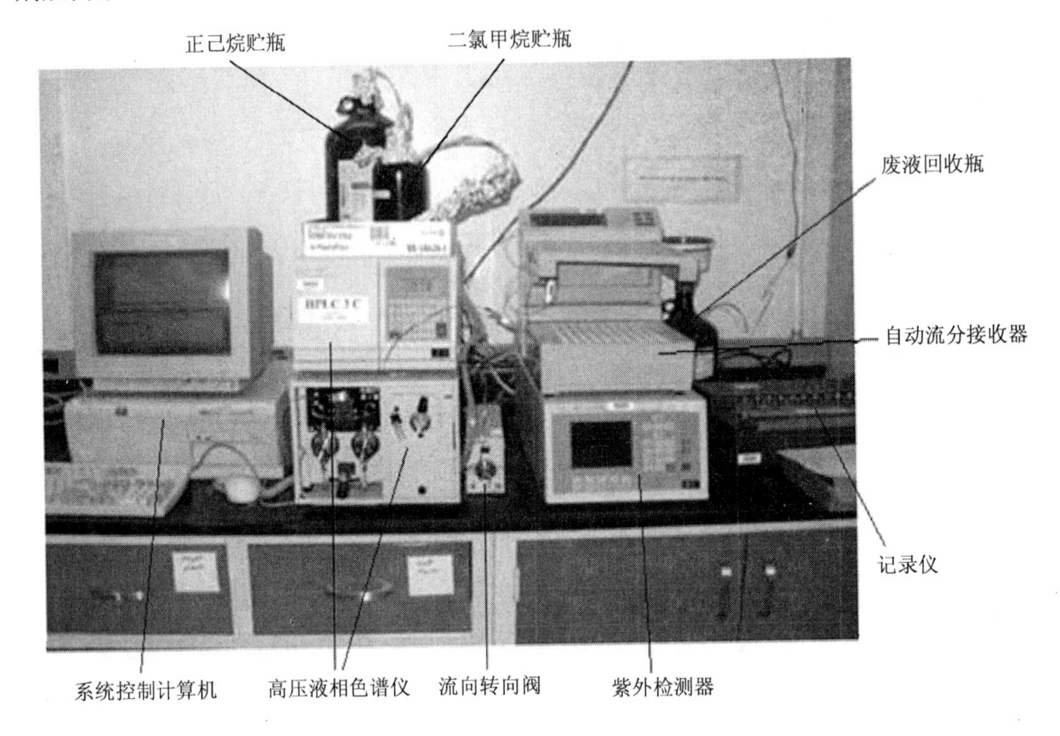

图 3-8 多氯联苯共面体与非共面体分离仪器装置

3.4.2.2 分离仪器校准

实现成功分离多氯联苯共面体与非共面体的关键是调整好仪器的操作条件，如流动相的溶剂选择、流速、流动相转向时间及流分接收时间窗口，其中最重要的是流动相转向时间。

通常采用正己烷作为洗脱液，用 1 mL/min 的流速[①]首先将非共面体 PCB 提出，然后用 2 mL/min 流速反向将共面体 PCB 洗出。开始用较低流速可以防止共面体在柱内走得太远，而非共面在柱中保留时间很短，很容易提出，流速影响不大。待共面体全部洗脱后，要增加溶剂极性，用含 20%二氯甲烷的正己烷混合溶剂继续反洗，将其他吸附在柱内的有机杂质清除，彻底净化色谱柱。若样品中含多氯二噁英类化合物将在此被洗出，它们与石墨的亲和力比多氯联苯共面体更强。柱子净化完毕后将流动相转回正向，

① 实为流量，色谱中用流量单位表示流速，下同。

并将溶剂恢复到100%正己烷对柱进行老化，准备对下一样品进行分离。

色谱分离过程中最关键的是流动相转向时间 t_0 的确定。转向早了部分非共面体会进入共面体流分，转向晚了部分共面体会进入非共面体流分，二者都会造成分离不完全。确定转向时间的关键是找到在色谱柱中保留时间最短的共面体到达色谱柱末端的时间。在共面体目标化合物中化学结构上对称性最差的PCB118在石墨柱上的保留时间最短，故用它来确定转向时间。具体做法是用5 μL 5 μg/mL的PCB118正己烷标样进液相色谱分析，流动相恒速1 mL/min，从记录仪上确定PCB118到达检测器的时间，即出峰时间 t_1；再根据柱末端到检测器的导管长度计算PCB118从色谱柱末端到达检测器的时间 t_2，这样就可以求出PCB118到柱末端的时间，为 t_1-t_2，再给2 s余地，即PCB118到达柱末端前两秒转换流动相的方向，则流动相转换时间 t_0 为：

$$t_0 = t_1 - t_2 - 2$$

$$t_2 = 60 \times L_1 \times V/\upsilon_1$$

式中：L_1——导管由液相柱出口经转向阀至检测器的长度，cm；

V——导管单位长度体积，mL/cm，见表3-19；

υ_1——移动相转向前流速，mL/min。

表3-19 导管内径与单位长度体积

导管内径/mm（英寸[①]）	单位长度体积/（μL/cm）
0.12（0.005″）	0.127
0.17（0.007″）	0.249
0.25（0.010″）	0.507
0.51（0.020″）	2.026

例如，PCB118出峰的时间为4 min 59 s（t_1），由柱末端到检测器导管总长1 m（包括转向阀），导管内径0.25 mm，根据表3-19可得总体积约0.05 mL，以移动相流速1 mL/min计算，PCB118从柱末端到检测器的时间为 t_2 =（0.05/1）× 60 = 3 s，故：

$$\begin{aligned} t_0 &= t_1 - t_2 - 2 \\ &= 4\ \text{min}\ 59\ \text{s} - 3\ \text{s} - 2\ \text{s} \\ &= 4\ \text{min}\ 54\ \text{s} \end{aligned}$$

即流动相转向时间（PCB118到达柱末端前两秒）为4 min 54 s。注意，由于非共面体

① 1英寸=0.025 4 m。

在柱中保留时间大大短于共面体，提前两秒转换方向不会导致非共面体进入共面体流分。

确定转向时间后就可以进一步分别计算第一流分接收时间 t_a 及第二流分接收时间 t_b。

第一流分接收时间 t_a 起始于由进样开始后移动相从进样器到达流分接收器的时间 t_3，终止于流动相转向时间 t_0 加转向后移动相从转向阀到达流分接收器的时间 t_4：

$$t_3 = 60V_c/\upsilon_1 + 60L_tV/\upsilon_1$$

$$t_4 = t_0 + 60L_2V/\upsilon_2$$

式中：L_t——导管由进样器经色谱柱、转向阀至流分接收器出口总长度，cm；

L_2——导管由转向阀至流分接收器出口长度，cm；

V——导管单位长度体积，mL/cm，见表 3-19；

V_c——液相色谱柱空体积，mL，见表 3-20；

υ_1——移动相转向前流速，mL/min；

υ_2——移动相转向后流速，mL/min。

表 3-20 液相色谱柱空体积

HPLC 柱规格 内径（mm）× 长度（mm）	空体积/mL
2.1 × 100	0.24
2.1 × 150	0.37
2.1 × 250	0.61
4.6 × 100	1.16
4.6 × 150	1.75
4.6 × 250	2.90

按上例，t_0 = 4 min 54 s，导管由进样器经色谱柱、转向阀至流分接收器出口总长度 200 cm，导管由转向阀至流分接收器出口总长度 150 cm，液相柱空体积 1.16 mL，以移动相流速 1 mL/min 计算：

$$\begin{aligned} t_3 &= 60V_c/\upsilon_1 + 60L_tV/\upsilon_1 \\ &= 69.6 + 6.1 \\ &= 1\ \text{min}\ 16\ \text{s} \end{aligned}$$

$$\begin{aligned} t_4 &= t_0 + 60L_2V/\upsilon_2 \\ &= 4\ \text{min}\ 54\ \text{s} + 2.3\ \text{s} \\ &= 4\ \text{min}\ 56\ \text{s} \end{aligned}$$

即进样后 1 min 16 s 开始收集第一流分，并在进样后 4 min 56 s 结束，共收集 3 min 40 s。

第二流分接收时间 t_b 起始于第一流分接收结束时间 t_4，终止于全部共面体反洗出色谱柱，并到达接收瓶的时间 t_5 为止。t_5 可用混合标样测定。具体做法是按上面求出的转向时间设置色谱条件，即在 0 min 至转向时间 t_0 流动相流速为 1 mL/min，转向后流速改为 2 mL/min，转向阀在 t_0 启动，进 100 μL 多氯联苯单体混合标样（各 100 ng/mL）分析，色谱峰完全析出的时间加上移动相由检测器至流分接收器的时间即 t_5。一般来讲，在移动相流速转向前为 1 mL/min、转向后为 2 mL/min 的色谱条件下，接收第二流分的时间与接收第一流分的时间相同就足够了。在第二流分收集结束后流出液通过分配阀转到废液接收瓶，同时移动相转为含 20%二氯甲烷的正己烷液清洗系统。

以下是笔者所使用的色谱程序，供读者参考：移动相正己烷，1 mL/min 至 4 min 54 s，流向转为逆方向，2 mL/min 至 9 min 59 s，移动相改为 20%二氯甲烷及 80%正己烷，仍为 2 mL/min，4 min 后移动相变回 100%正己烷，再 4 min 后流向转回正方向，流速变回 1 mL/min，稳定 3 min 后可进下一个样。流分接收窗口：流分 1，1 min 16 s 至 4 min 56 s；流分 2，4 min 57 s 至 9 min 59 s；其余时间流出物进废液回收瓶。

应当注意，以上时间段的设置有估算的成分，而且时间是由进样时间开始计算，在没自动进样设备时，起点时间是由操作者手控的，即操作者将样品推入进样器后启动开关，开始自控记时。因此时间计算并不精确，在设定时间窗后必须用标样进行验证，在确认共面体与非共面体完全分离，而且各流分的目标化合物没有丢失后，才可用于样品分离。

配制共面体及非共面体单体目标化合物各 100 ng/mL 的混合标样，内含同样质量浓度的替代标准物 DBOFB 及 OCN。进样 100 μL 进行分离。图 3-9 是流分分离的色谱图，其中红色谱线（靠上）与黑色谱线（靠下）信号强度衰减相差 10 倍。图中标出了各时间点及流分的接收时间。

分离后将两流分各浓缩定容到 0.2 mL，分别分析两样，检查各流分中目标化合物的回收率，各目标物回收率应在 80%～120%。图 3-10 为单体目标化合物在流分分离前及分离后的双柱色谱图。其中图 3-10（1）为分离前的单体混合样，图 3-10（2）为分离后非共面体即流分一，图 3-10（3）为分离后共面体即流分二。表 3-21 为分离后各流分的质量浓度检出结果。从图 3-10 及表 3-21 数据可以看出，共面体与非共面体基本上得到了成功的分离，除目标化合物 PCB110 外其余目标化合物分离均在控制范围内。

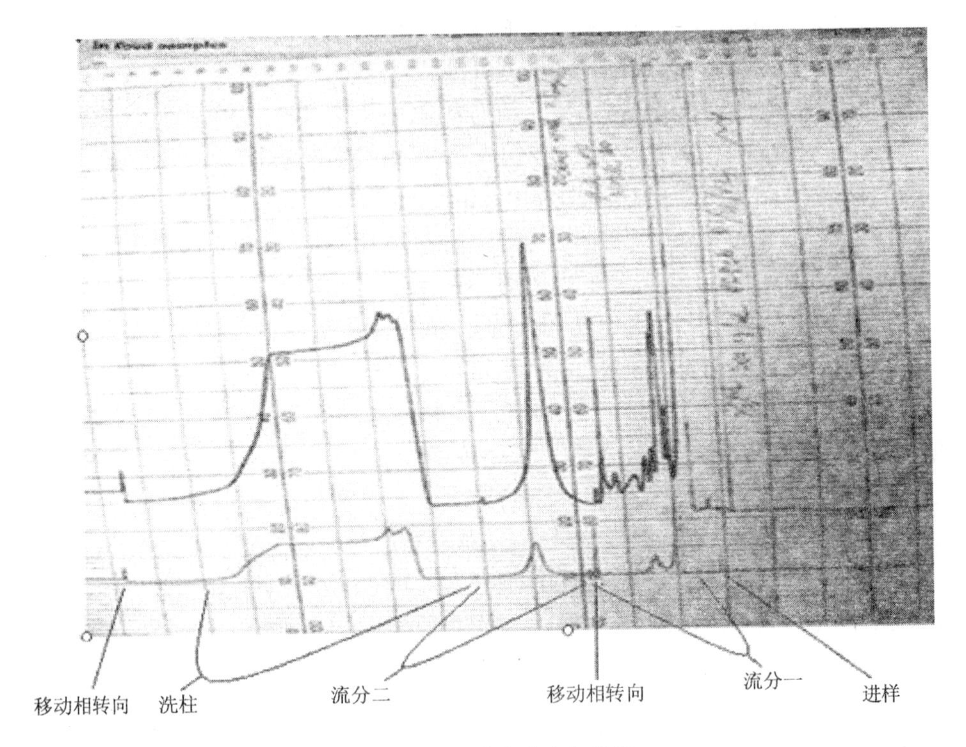

图 3-9 HPLC 流分分离色谱图

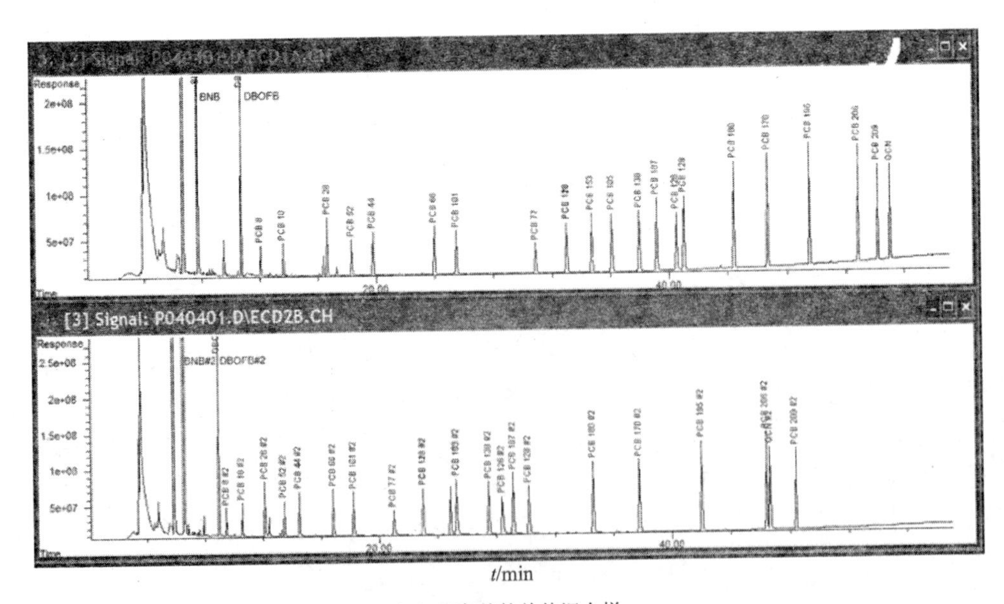

（1）分离前的单体混合样

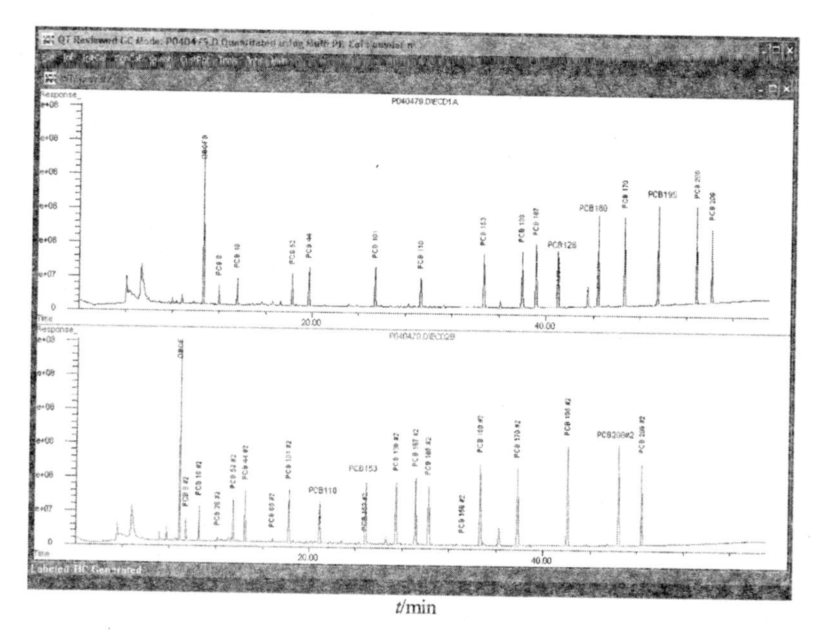

t/min

（2）分离后非共面体（流分一）

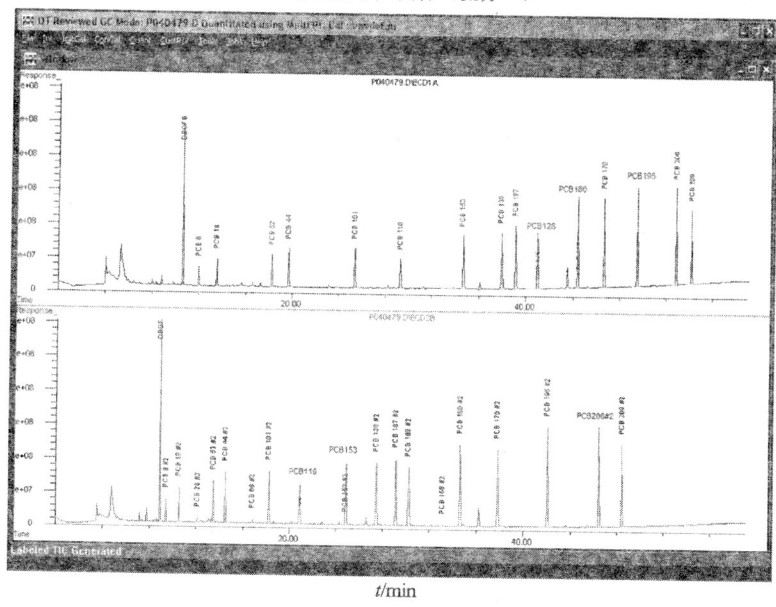

t/min

（3）分离后共面体（流分二）

图 3-10 单体目标化合物在流分分离前及分离后的色谱图

注：1）色谱条件同图 3-4。

2）图 3-10（1）及（2）最终萃取液进样前未加入内标物 BNB。

表 3-21 分离后共面体与非共面体各流分的质量浓度检出结果*

序号	单体名称	流分一			流分二		
		柱 1 质量浓度/（ng/mL）	柱 2 质量浓度/（ng/mL）	回收萃取率/%	柱 1 质量浓度/（ng/mL）	柱 2 质量浓度/（ng/mL）	回收萃取率/%
2）	DBOFB	54	54	108	<MDL	<MDL	—
32）	OCN	N.D.	<MDL	—	46	43	91
3）	PCB8	41	41	83	8	8	15
4）	PCB18	53	52	105	N.D.	<MDL	—
5）	PCB28	4	5	7	44	47	88
6）	PCB52	52	50	103	<MDL	<MDL	—
7）	PCB44	52	51	104	<MDL	<MDL	—
8）	PCB66	<MDL	<MDL	—	44	43	89
9）	PCB101	52	55	104	<MDL	<MDL	—
10）	PCB110	34	44	68	20	59**	41
11）	PCB81	<MDL	<MDL	—	42	42	83
12）	PCB77	<MDL	<MDL	—	43	59**	86
13）	PCB123	<MDL	<MDL	—	50	51	100
14）	PCB118	<MDL	<MDL	—	47	47	95
15）	PCB114	<MDL	<MDL	—	45	48	90
16）	PCB153	55	55	109	<MDL	<MDL	—
17）	PCB105	<MDL	<MDL	—	52	47	105
18）	PCB138	54	54	107	2	2	3
19）	PCB187	54	54	108	<MDL	1	—
20）	PCB126	<MDL	<MDL	—	46	46	93
21）	PCB128	52	55	103	<MDL	51	
22）	PCB167	<MDL	<MDL	—	48	46	95
23）	PCB156	<MDL	<MDL	—	48	49	97
24）	PCB157	<MDL	<MDL	—	49	49	99
25）	PCB180	52	53	104	<MDL	<MDL	—
26）	PCB170	50	51	100	<MDL	<MDL	—
27）	PCB169	<MDL	<MDL	—	45	46	91
28）	PCB189	<MDL	<MDL	—	46	46	92
29）	PCB195	51	52	102	<MDL	<MDL	—
30）	PCB206	51	49	103	N.D.	<MDL	—
31）	PCB209	52	50	104	N.D.	N.D.	—

* 质量浓度为最终萃取液质量浓度。本数据为外标法计算，未加内标物。

** 在柱 2 重叠。

分离验证合格说明所设分离程序可行。为避免系统变化导致样品分离失败，每次在分离样品之前还要用 118 单体标样验证系统。将液相色谱移动相设为恒速 1 mL/min，进 5 μL 5 μg/mL 的 PCB118 正己烷标样分析，其出峰时间应比所设的转向时间晚 3～10 s。如出峰时间超出此范围则要对转向时间进行修正。每分离 3 个样品就要进行一次这样的验证检查，这是因为在分离样品后的清洗过程中移动相溶剂发生改变，导致色谱分配特征发生变化。为保证色谱系统稳定，在系统清洗结束、色谱系统恢复初始状态后应适当延长进样前的老化时间。

共面体与非共面体分离完成后，在进 GC-ECD 分析前要分别将两流分浓缩定容、加内标物。流分一，即非共面体流分，定容至 1 mL，并加入 10 μL 20 μg/mL 内标物 BNB 标准溶液；流分二，即共面体流分，定容至 0.2 mL，并加入 2 μL 20 μg/mL 内标物 BNB 标准溶液，以提高分析灵敏度。样品质量浓度高时亦可定容至 0.5 mL 或 1 mL，以便于操作。

3.4.3 样品分析

多氯联苯共面体与非共面体在分离之后的分析与 3.2 所述多氯联苯单体的分析完全相同，所使用的仪器及其操作条件、仪器校准及质控，如标准曲线及后继标准曲线验证等都可同普通单体分析共享，不需要建立自己的体系。与单体分析不同的是空白样、空白加标及其他质控样品的萃取液都必须按样品萃取液一样进行共面体及非共面体的分离，再分别进仪器分析。由于共面体最终萃取液体只是非共面体萃取液体积的 1/5，故其检出限亦为非共面体检出限的 1/5。

由于多氯联苯共面体分析与单体分析的样品前处理在共面体与非共面体分离之前完全相同，而且二者在最终的仪器分析阶段也完全相同，在实际样品分析中作为一种验证手段，常在共面体与非共面体分离前先将样品萃取液进行一次单体分析，然后再进行共面体与非共面体分离，并将分析数据进行对比验证。这样做的另一个好处是万一分离出现事故，还有一份数据可借鉴。具体操作是将净化后的单体萃取液浓缩定容至 1 mL，加内标物后进样 1～2 μL 分析，分析后将剩余液浓缩至分离用液相色谱进样器所容最大进样体积之下，然后全部进液相色谱分离。所得流分一（含内标物）浓缩定容到 1 mL 备用；流分二按照前面所述定容至 0.2 mL，加内标物后进仪器分析。亦可不加内标物用外标法进行分析。

与单体分析相同，共面体样品分析后依照标准曲线计算分析柱及验证柱各目标化合物的浓度，除重叠峰外，两柱检出浓度差在 40%以内的数据为有效数据，并报分析柱结果为最终检出结果；若两柱结果相差超过 40%，应仔细检查是否有杂质峰干扰及峰面积积分是否合理，若经检查仍不能修正，应报告较大数值，以避免低估污染程度，但在报告中应加以说明，让数据使用者知道两个具体结果。低于定量检出限的结果不上最终报告。当浓度较高时要用 GC-MS 仪器验证结果。

实验室空白加标样品是全程监视分析过程的最重要样品，每批样品从制备开始都必须跟随一空白样及一空白加标样。前者评价实验室可带来的污染，后者衡量制备及分析过程中的目标物的回收率。空白加标样品各目标物的回收率应在 35%～135%。表 3-22 及表 3-23 是一个空白加标样品经萃取、硅胶柱净化、GPC 净化、佛罗里达硅藻土小柱净化及共面体与非共面体分离后的双柱分析结果。前者是流分一，即非共面体流分；后者是流分二，即共面体流分。加标量为最终萃取液质量浓度 50 ng/mL。除 PCB8 及 PCB18 以外各流分的目标物回收率在 50%～110%。

表 3-22　空白加标样非共面体流分分析结果

化合物名称		RT1/min	RT2/min	响应值 1	响应值 2	柱 1 质量浓度/（ng/mL）	柱 2 质量浓度/（ng/mL）
替代标准物							
2）S	DBOFB	10.79	8.99	3 472.1E6	2 533.1E6	45.346	31.842 #*
51）S	OCN	0.00	0.00	0	0	N.D.**	N.D.
目标化合物							
1）I	BNB	7.72	6.59	141.6E6	85.3E6	1.644	0.970 #
3）	PCB8	12.16	9.54	177.4E6	177.2E6	11.622	11.675
6）	PCB18	13.74	10.67	369.2E6	323.8E6	21.571 m	14.713 #
9）	PCB28	0.00	0.00	0	0	N.D.**	N.D.
12）	PCB52	18.58	13.71	1 266.4E6	1 510.3E6	52.715	55.269
14）	PCB44	20.03	14.74	1 687.1E6	1 931.7E6	51.801	26.633 #
17）	PCB66	0.00	0.00	0	0	N.D.	N.D.
19）	PCB101	25.79	18.55	2 074.2E6	2 127.0E6	53.414	51.739
27）	PCB77	0.00	21.23	0	1 378.2E6	N.D.	30.344 #
30）	PCB118	0.00	0.00	0	0	N.D.	N.D.
33）	PCB153	35.11	25.21	2 836.4E6	3 294.4E6	51.635	53.395
35）	PCB105	36.53	0.00	176.8E6	0	N.D.	N.D.
37）	PCB138	38.35	27.85	2 786.6E6	3 350.7E6	42.297	50.065
39）	PCB187	39.51	29.49	3 279.4E6	3 914.2E6	50.242	44.001
41）	PCB126	0.00	0.00	0	0	N.D.	N.D.
42）	PCB128	41.34	30.62	2 803.7E6	3 570.4E6	33.968	51.701 #
45）	PCB180	44.70	35.00	3 297.2E6	4 548.3E6	43.415	47.332
46）	PCB170	46.97	38.15	2 986.6E6	4 241.1E6	40.628	44.942
48）	PCB195	49.80	42.29	3 219.3E6	4 552.0E6	43.357	47.491
49）	PCB206	53.08	46.63	2 831.3E6	3 939.7E6	41.368	48.557
50）	PCB209	54.43	48.59	2 251.6E6	3 172.4E6	43.130	48.498

* 当两柱结果相差大于一定范围（这里设置为 40%）时用“#”号提醒注意，而数据有手动积分（人工修改）时用“m”提醒注意。

** 未检出。

表 3-23 空白加标样共面体流分分析结果

化合物名称		RT1/min	RT2/min	响应值 1	响应值 2	柱 1 质量浓度/(ng/mL)	柱 2 质量浓度/(ng/mL)
替代标准物							
2）S	DBOFB	0.00	0.00	0	0	N.D.	N.D.
51）S	OCN	55.29	46.91	1 445.8E6	2 437.5E6	27.209	35.384
PCB 单体目标物							
1）I	BNB	7.72	6.59	139.4E6	110.0E6	1.619	1.251
3）	PCB8	12.16	9.54	53.6E6	35.6E6	2.456 m	2.981
6）	PCB18	0.00	0.00	0	0	N.D.	N.D.
9）	PCB28	16.89	12.39	1 092.2E6	1 259.5E6	33.295	31.779
12）	PCB52	0.00	0.00	0	0	N.D.	N.D.
14）	PCB44	0.00	0.00	0	0	N.D.	N.D.
17）	PCB66	24.27	17.15	1 412.1E6	1 727.9E6	33.925	39.480
19）	PCB101	0.00	0.00	0	0	N.D.	N.D.
27）	PCB77	31.30	21.20	792.9E6	2 594.2E6	27.938	63.515
30）	PCB118	33.40	23.29	2 106.0E6	3 336.8E6	41.262	48.953
33）	PCB153	0.00	0.00	0	0	N.D.	N.D.
35）	PCB105	36.49	25.65	2 412.6E6	2 726.7E6	40.622	40.072
37）	PCB138	38.27	0.00	153.8E6	0	N.D.	N.D.
39）	PCB187	0.00	0.00	0	0	N.D.	N.D.
41）	PCB126	40.84	28.82	1 553.8E6	1 806.4E6	34.907	33.031
42）	PCB128	0.00	30.71	0	3 188.4E6	N.D.	45.582
45）	PCB180	0.00	0.00	0	0	N.D.	N.D.
46）	PCB170	46.96	38.13	121.0E6	216.3E6	N.D.	N.D.
48）	PCB195	49.62 f	0.00	2 650.5E6	0	35.127	N.D.#
49）	PCB206	0.00	0.00	0	0	N.D.	N.D.
50）	PCB209	0.00	0.00	0	0	N.D.	N.D.

图 3-11 为北美东海岸一海狮样品多氯联苯共面体分析色谱图。表 3-24 为原始分析数据表。从图中可以看到由于去掉了非共面体的干扰，共面体目标化合物 PCB105，PCB18，PCB156 及 PCB157 非常清晰，积分容易。但对于浓度低的共面体，如 PCB66，PCB114，PCB189 等，定性并不容易，需要在计算机上仔细对照两柱色谱图的峰形、保留时间，尤其是保留时间与相邻已知峰的相对关系才能最后确定；只从一个柱上检出的共面体，如 PCB77 是明显不存在的；原始数据上也检出了一些非共面体，如 PCB110，PCB153，PCB138，PCB180 等，根据非共面体替代标准物 DBOFB 检出浓度小于检出限，而共面体替代标准物 OCN 的回收率高于 80%，可断定非共面体的结果是不可取的，

这些单体的信息只能从非共面体流分的分析结果中获取。从这个实际样品的分析结果可以看出尽管进行了彻底的净化处理，对于实际样品中低浓度的目标化合物的定性仍是一项十分细致的工作，绝不像分析空白加标样那么简单。来自非目标多氯联苯单体的干扰更增加了这项工作的复杂性。技术人员在定性时，除对比两柱的结果及保留时间外，还应当参考其他信息，如替代标准物的回收率及其保留时间的变化趋向等，以判断自己的定性是否合理。

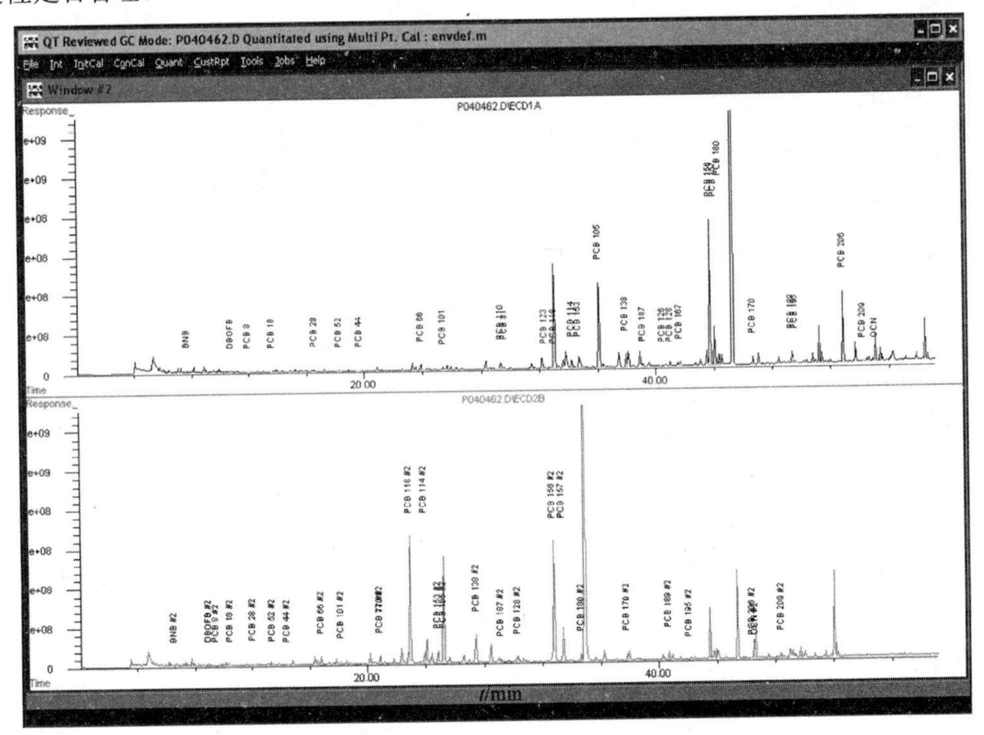

图 3-11 海狮样品多氯联苯共面体分析色谱图

表 3-24 海狮样品多氯联苯共面体分析原始分析数据表

PCB 单体		RT1/min	RT2/min	Resp1	Resp2	柱 1 质量浓度/（ng/mL）	柱 2 质量浓度/（ng/mL）
系统监测物（替代标准物）							
2）S	DBOFB	10.74	8.94	62.61E6	184.4E6	0.679	1.899 #
32）S	OCN	55.03	46.63	5 465.7E6	7 234.1E6	81.967	68.839
目标化合物							
1）I	BNB	7.66	6.56	466.3E6	360.8E6	4.613	3.655
3）	PCB8	11.94	9.44	27.4E6	81.58E6	1.480	4.280 #

PCB单体		RT1/min	RT2/min	Resp1	Resp2	柱1质量浓度/（ng/mL）	柱2质量浓度/（ng/mL）
4）	PCB18	13.63	10.47	100.7E6	230.1E6	4.381	9.685 #
5）	PCB28	16.58	12.11	336.1E6	347.0E6	6.445	6.294
6）	PCB52	18.27	13.45	236.5E6	171.3E6	6.341	4.327 #
7）	PCB44	19.70	14.47	76.3E6	92.1E6	1.607	1.711
8）	PCB66	23.88	16.81	1 722.3E6	1 941.8E6	28.405	28.240
9）	PCB101	25.40	18.23	1 008.1E6	693.7E6	17.225	10.801 #
10）	PCB110	29.29	20.87	1 858.9E6	2 198.3E6	25.187	34.343 #
11）	PCB81	29.58	0.00	264.6E6	0	4.995	N.D. d#
12）	PCB77	0.00	20.87	0	2 198.3E6	N.D. d	34.343
13）	PCB123	32.31	0.00	456.4E6	0	6.706	N.D. d#
14）	PCB118	32.95	22.92	32 329.6E6	29 962.6E6	407.661	337.822 m
15）	PCB114	34.17	23.91	2 623.8E6	3 082.0E6	26.679	27.180
16）	PCB153	34.67	24.85	4 905.3E6	3 360.9E6	57.556	38.079 #
17）	PCB105	36.04	25.25	24 472.3E6	29 613.7E6	265.725	275.514
18）	PCB138	37.92	27.43	4 227.9E6	10 705.3E6	48.142	108.551 #
19）	PCB187	39.12	29.13	840.4E6	1 342.5E6	8.742	12.299 #
20）	PCB126	40.45	0.00	430.1E6	0	5.927	N.D. d#
21）	PCB128	40.96	30.24	1 051.3E6	1 057.2E6	11.300	10.706 m
22）	PCB167	41.64	0.00	1 067.6E6	0	12.240	N.D. d#
23）	PCB156	43.71	32.75	33 227.7E6	40 664.9E6	302.861	295.162
24）	PCB157	44.03	33.36	8 930.3E6	11 357.9E6	93.406	93.294
25）	PCB180	44.38	34.61	2 604.6E6	2 259.3E6	23.763	16.361 #
26）	PCB170	46.67	37.78	1 690.8E6	2 022.2E6	15.911	14.834
27）	PCB169	0.00	0.00	0	0	N.D. d	N.D. d
28）	PCB189	49.34	40.67	2 254.3E6	2 704.5E6	21.792	19.251
29）	PCB195	49.59	42.07	616.0E6	160.4E6	5.789	1.158 #
30）	PCB206	52.83	46.41	12 834.3E6	116.1E6	136.210	0.948 #
31）	PCB209	54.19	48.41	184.6E6	1 037.6E6	2.580	11.152 #

3.4.4 方法质量控制与质量保证

多氯联苯共面体的分析实质上与其单体分析相同，仅是在前处理中增加了一步分离共面体与非共面体。因此共面体分析的质控，除增加了对共面体与非共面体分离的质控部分外，与3.2单体分析中所述的完全相同。如何判断及评价共面体与非共面体的分离效果，是共面体分析的核心。其实从本章一开始就一直围绕着分离问题讨论，其中包括建立和验证高压液相色谱的分离方法、实验室空白加标样及实际样品的数据分析。一般来讲，空白加标样品的共面体流分及非共面体流分中各目标化合物的回收率应在 35%～135%，而且同一目标物在两流分中的分离效果应大于 85%，即共面体流分中的非共面体目标化合物的绝对量应小于非共面体中该化合物绝对量的 15%，反过来也是一样。在样品中分离的效果由两个替代标准物判断：共面体流分中 OCN 的回收率应在 35%～135%，同时在非共面体中检出的 OCN 量应少于共面体流分中检出 OCN 量的 15%；反过来 DBOFB 在非共面体流分中的回收率也应在 35%～135%，而同时在共面体中检出 DBOFB 的量应少于非共面体流分中检出 DBOFB 量的 15%。

表 3-25 是共面体目标化合物生物样品分析在柱 1 上的方法检出限验证数据。用 1 g 纯净砂代替样品，每个目标物加入量 2 ng，加速溶剂萃取，经硅胶柱净化，GPC 净化，硫酸及高锰酸钾净化，高压液相色谱分离共面体与非共面体。最终定容至 0.2 μL，用 GC-ECD 外标法定量分析共面体流分。应当指出纯净砂与生物基质无法相比，过程中没有涉及生物样品中的有机质干扰，同时也没有考虑到在测定总脂肪含量中消耗的萃取液对检出灵敏度的影响。数据只代表了没有基质干扰，没有额外萃取液消耗的理想状态。

表 3-25 共面体目标化合物生物样品分析的方法检出限验证数据（柱 1）

目标物	测定结果*							样品平均				
	样品质量浓度/（μg/kg）							质量浓度/（μg/kg）	掺入量/ng	回收萃取率/%	标准偏差/（μg/kg）	MDL/（μg/kg）
样品号	1	2	3	4	5	6	7					
PCB28	1.44	1.31	1.37	1.49	0.96	1.24	1.32	1.31	2.0	65	0.16	0.5
PCB66	1.74	1.71	1.45	1.98	1.23	1.72	1.84	1.67	2.0	83	0.23	0.7
PCB81	1.56	2.21	1.97	2.22	1.94	2.77	2.08	2.11	2.0	105	0.34	1.1
PCB77	1.70	1.80	1.68	1.91	1.51	1.86	1.83	1.76	2.0	88	0.13	0.4
PCB123	1.72	2.09	2.01	2.26	1.90	2.16	2.11	2.03	2.0	102	0.17	0.5
PCB118	1.92	1.88	1.86	2.36	1.80	2.01	1.99	1.97	2.0	99	0.17	0.5
PCB114	1.64	1.63	1.60	1.41	1.72	1.69	1.63	1.62	2.0	81	0.09	0.3
PCB105	1.68	1.78	1.80	1.78	1.83	1.56	1.78	1.74	2.0	87	0.09	0.3
PCB126	2.44	1.97	1.70	1.86	1.70	1.95	1.72	1.91	2.0	95	0.24	0.8
PCB167	1.80	1.89	1.78	1.97	1.73	1.79	1.93	1.84	2.0	92	0.08	0.3
PCB156	1.52	1.56	1.39	1.49	1.34	1.34	1.49	1.45	2.0	72	0.08	0.3
PCB157	3.10	2.08	2.01	2.03	1.96	1.97	2.07	2.18	2.0	109	0.38	1.2
PCB169	2.33	2.42	2.32	2.45	2.34	2.26	2.48	2.37	2.0	119	0.07	0.2
PCB189	2.72	2.74	2.67	2.69	2.50	2.65	2.34	2.62	2.0	131	0.13	0.4

* 计算中修正了在 GPC 净化过程中损 1/2 萃取液的因素。

表 3-26 为共面体目标化合物的方法实用检出限。萃取与净化过程：水样 1 L，摇瓶萃取，萃取液经硅胶小柱净化，硫酸及高锰酸钾净化；土样 10 g，加速溶剂萃取，GPC 净化，硫酸及高锰酸钾净化，硅胶柱小柱净化；生物样 1 g，加速溶剂萃取，硅胶柱净化，GPC 净化，硫酸及高锰酸钾净化，硅胶柱小柱净化；共面体流分最终定容体积 0.2 mL；气体样 200 m^3，吸附材质经索氏萃取，萃取液净化同土样。净化后萃取液用高压液相色谱进行共面体与非共面体分离，共面体流分最终浓缩定容至 0.2 mL，GC-ECD 双柱系统分析。

表 3-26 共面体目标化合物的方法实用检出限

PCB 共面体	PQL			
	水样/（ng/L）	土样/（μg/kg）	生物样/（μg/kg）	气体样/（ng/m^3）
PCB28	0.5	0.1	1	50
PCB66	0.5	0.1	1	50
PCB81	0.5	0.1	1	50
PCB77	0.5	0.1	1	50
PCB123	0.5	0.1	1	50
PCB118	0.5	0.1	1	50
PCB114	0.5	0.1	1	50
PCB105	0.5	0.1	1	50
PCB126	0.5	0.1	1	50
PCB167	0.5	0.1	1	50
PCB156	0.5	0.1	1	50
PCB157	0.5	0.1	1	50
PCB169	0.5	0.1	1	50
PCB189	0.5	0.1	1	50

再次强调，质量控制和质量保证是所有环境分析的核心，对于多氯联苯共面体这类环境影响很大的化合物尤其需要更严格的质量管理。实验室应建立自己的日常质量控制和质量保证规范，至少要包括标准曲线及标准曲线验证，样品中实验室空白样及空白加标控制样，样品中替代标准物回收率等。对于没有明确要求质控范围的项目，要按实验室的常规要求执行。

参考文献

美国 EPA 标准方法 8000，8082.

3.5 多氯联苯同氯异构体分析

3.5.1 方法概述

多氯联苯同氯异构体是指在分子上氯原子数相同的一类单体，联苯分子上氯取代基可以从 1 至 10，因此多氯联苯的 209 个单体共可以分为 10 个同氯异构体，见表 3-27。

表 3-27 多氯联苯同氯异构体（Homolog）

PCB 同氯异构体	CAS 登记号	分子中氯原子数	log *P*	所含单体个数
Monochlorobiphenyl	27323-18-8	1	4.7	3
Dichlorobiphenyl	25512-42-9	2	5.1	12
Trichlorobiphenyl	25323-68-6	3	5.5	24
Tetrachlorobiphenyl	26914-33-0	4	5.9	42
Pentachlorobiphenyl	25429-29-2	5	6.3	46
Hexachlorobiphenyl	26601-64-9	6	6.7	42
Heptachlorobiphenyl	28655-71-2	7	7.1	24
Octachlorobiphenyl	55722-26-4	8	7.5	12
Nonachlorobiphenyl	53742-07-7	9	7.9	3
Decachlorobiphenyl	2051-24-3	10	8.3	1

从表 3-27 可以看到，除十氯联苯只有一个单体外，每个多氯联苯都含至少 3 个单体，尤其是含 4～6 个氯原子的同氯异构体，每个都含 40 个以上的单体。每个同氯异构体的单体在气相色谱上的保留时间不同，因而每个同氯异构体的保留时间是一个时间段，除一氯及十氯两个同氯异构体外，相邻的同氯异构体的保留时间互相交织，在气相色谱图上不可能鉴别是某个同氯异构体，更不可能对其进行定量积分。然而由于分子上氯原子取代基的数目不同，导致各同氯异构体在质谱图上都有自己的特征离子，用 GC-MS 进行分析，根据特征离子就可以判断色谱峰是属于哪个多氯异构体；对所有相同的特征离子积分就可以定量计算出与之关联的同氯异构体。

由于质谱检测器灵敏度大大低于电子捕获检测器，为提高检出灵敏度需要采用选择离子监测模式，这既可提高灵敏度，又能大大降低其他杂质的干扰。质谱检测仪器的灵敏度与所监测的选择离子数目相关，所监测的选择离子数目越少则灵敏度越高，通常是把色谱过程分为不同的时间窗，在某时间窗只监测在这段时间可能出现的目标化合物的特征离子。为尽量减少分析同氯异构体时所监测的特征离子数目，需要确定各同氯异构体的保留时间段，并根据各保留时间段相互重叠的范围确定在某段时间所需要监测的特征离子，既不漏掉任何一个可能出现的同氯异构体单体的特征离子，又没有多余的、在这一时段不出峰的同氯异构体的特征离子。

自然界中氯原子有两个稳定同位素，即 ^{35}Cl 及 ^{37}Cl，且二者的丰度比是 3∶1。通常将分子中所有氯原子都是 ^{35}Cl 时的分子量称为标准分子量 M，含氯原子的化合物其质谱图中的分子离子除 M^+外，取决于氯原子个数，还有 M^++2，或 M^++4，M^++6，M^++8 等分子离子峰。每个含氯化合物所含的分子离子按固定的比例分布，在质谱图上形成特殊的形状。例如含一个氯原子的碳氢化合物分子离子含 M^+，M^++2，这两种离子数量的比为 100∶33，在质谱图中这两个分子离子峰的强度比也为 100∶33。而含两个氯原子的碳氢化合物分子离子含 M^+，M^++2 及 M^++4，三者比例为 100∶65∶11。实际上任何含氯原子的离子都符合这个规律，在质谱图上都以一丛离子的形式出现，其分布形态由所含氯原子的个数决定。图 3-12 是含 1～10 个氯原子的分子离子峰组的分布形态。

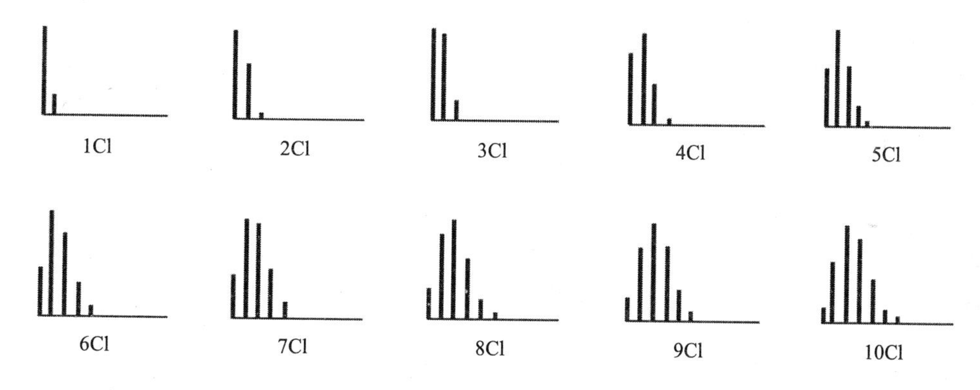

注：最左为 M^+离子，向右依次为 M^++2，或 M^++4，M^++6，M^++8 等离子。

图 3-12　含 1～10 个氯原子的分子离子峰组的分布形态

各同氯异构体依所含氯原子的个数，其单体的分子离子峰组都呈现图 3-12 的特征，这种特征就是定性分析的基础。多氯联苯分子中除氯原子外还有碳原子及氢原子，它们也都有自己的稳定同位素。氢的稳定同位素 ^{2}H 的丰度只有 ^{1}H 的 0.016%，它对分子量的贡献可以忽略；而碳的稳定同位数 ^{13}C 的丰度是 ^{12}C 的 1.08%，它对分子量的贡献是明显的，使得多氯联苯分子离子组中除偶数离子外，也有单数离子。为减少检测离子的数量通常只选有限的几个特征离子做定性分析依据。而定量分析是用分子离子峰中最强的峰作为定量离子，积分计算浓度。表 3-28 是各多氯联苯同氯异构体分子离子峰组主要离子与它们的相对丰度。

表 3-28 各多氯联苯同氯异构体分子离子峰组主要离子及其相对丰度

质荷比（*m*/*z*）		相对丰度
一氯联苯	188	100.00
	189	13.50
	190	33.40
	192	4.41
二氯联苯	222	100.00
	223	13.50
	224	66.00
	225	8.82
	226	11.20
	227	1.44
三氯联苯	256	100.00
	257	13.50
	258	98.60
	259	13.20
	260	32.70
	261	4.31
	262	3.73
	263	0.47
四氯联苯	290	76.20
	291	10.30
	292	100.00
	293	13.40
	294	49.40
	295	6.57
	296	11.00
	297	1.43
	298	0.95
五氯联苯	324	61.00
	325	8.26
	326	100.00
	327	13.50
	328	65.70
	329	8.78
	330	21.70
	331	2.86
	332	3.62
	333	0.47
	334	0.25
六氯联苯	358	50.90
	359	6.89
	360	100.00
	361	13.50
	362	82.00
	363	11.00
	364	36.00
	365	4.77
	366	8.92
	367	1.17
	368	1.20
	369	0.15
	472	2.72
七氯联苯	392	43.70
	393	5.91
	394	100.00
	395	13.50
	396	98.30
	397	13.20
	398	53.80
	399	7.16
	400	17.70
	401	2.34
	402	3.52
	403	0.46
	404	0.40
八氯联苯	426	33.40
	427	4.51
	428	87.30
	429	11.80
	430	100.00
	431	13.40
	432	65.6
	433	8.76
	434	26.90
	435	3.57
	436	7.10
	437	0.93
	438	1.18
	439	0.15
	440	0.11
九氯联苯	460	26.00
	461	3.51
	462	76.40
	463	10.30
	464	100.00
	465	13.40
	466	76.40
	467	10.20
	468	37.60
	469	5.00
	470	12.40
	471	1.63
	473	0.35
	474	0.39
十氯联苯	494	20.80
	495	2.81
	496	68.00
	497	9.17
	498	100.00
	499	13.4
	500	87.30
	501	11.70
	502	50.00
	503	6.67
	504	19.70
	505	2.61
	506	5.40
	507	0.71
	508	1.02
	509	0.13

从表 3-28 中可以看出，含氯原子数多的 PCB 同氯异构体分子在质谱仪内离子化的过程中，因失去氯原子而会产生与含氯原子少的同氯异构体分子离子相同质荷比的碎片离子，它们同样被质谱检测器检出。例如，二氯联苯中由于 ^{13}C 产生的分子离子 *m/z* 223 失去一个 ^{35}Cl 便得到 *m/z* 188 的碎片离子，恰与一氯联苯最强的分子离子相同；而三氯联苯中分子离子 *m/z* 257 失去一个 ^{35}Cl 便得到 *m/z* 222 的碎片离子，恰与二氯联苯最强的分子离子相同；并且三氯联苯中碎片离子 *m/z* 260 失去两个 ^{35}Cl 便得到 *m/z* 190，恰与一氯联苯第二强的分子离子 *m/z* 190 相同。如果这三个同氯异构体在气相色谱出峰的时间范围有重叠，那么含氯原子数多的 PCB 同氯异构体就会对含氯原子数少的 PCB 同氯异构体的定性分析及定量分析产生干扰。不难推测，同氯异构体分子中氯原子越多，对分子中氯原子少的同氯异构体可能产生的干扰离子越多。在定性、定量分析过程中必须弄清可能存在的干扰，并对之进行修正。为此，最关键的就是要确定各同氯异构体的出峰时间窗口，即对各同类异构体目标物进行保留时间窗的校准。根据各同氯异构体的出峰时间窗判断可能存在的干扰，并对检出的定量及核证离子进行修正，得到正确的分析结果。

3.5.2 仪器设置及校准

GC-MS 是分析 PCB 同氯异构体的必需仪器。它配置分流/不分流进样器、毛细管柱、质谱检测器及控制和数据处理系统。毛细管柱选用 30 m 长、内径 0.25 mm、膜厚 0.25～0.5 μm 的窄口径毛细柱，固定相为 DB-5MS 或 DB-XLB。载气选用氦气，分析进样量 1～2 μL。色谱过程采用脉冲压力进样、恒流、程序升温，以获得高分辨率，缩短分析时间。一个样品的分析时间在 25 min 以内。色谱条件必须保证十氯联苯析出。

GC-MS 在使用前首先需对质谱及色谱的性能进行检验和校准。多氯联苯同氯异构体的定性、定量分析完全靠分子离子峰进行，各分子离子组的离子荷质比数很接近，要做到定性正确，定量准确，同时保证检测灵敏度，质谱仪就必须工作正常，有足够的分辨率。而气相色谱除要求峰形完整，对称，尖端，不分裂，不拖尾外，最重要的是保留时间稳定。由于质谱工作于选择离子监测模式，而各时间段监测的离子有所不同，如果色谱保留时间不稳定，同氯异构体的某部分落在设定的时间窗外，这部分目标物就有可能被漏检。

首先检查质谱仪是否工作正常，查看真空度是否合格，利用空气中氮气峰（*m/z* 28）及水峰（*m/z* 18）检查系统是否有泄漏。有泄漏的质谱检测器，即使工作，其灵敏度也很低。若真空正常，无泄漏，则可利用质谱仪配备的校准化合物——全氟三丁基胺（PFTBA）的质谱图及离子丰度检查质谱仪的工作状况。如果 PFTBA 的特征离子 *m/z* 69、219 及 502 的各荷质比数偏离在 0.1 单位以内，则峰形成正态分布，无前置峰，半峰宽在 0.5±0.1 单位范围，*m/z* 219 及 502 与其分别对应的同位素峰 220 及 503 分离完全，且 *m/z* 502 峰有一定的强度，表示质谱仪的分辨率及灵敏度正常（图 3-13）。若不能满足要求则调整质谱控制参数或进行故障排除。

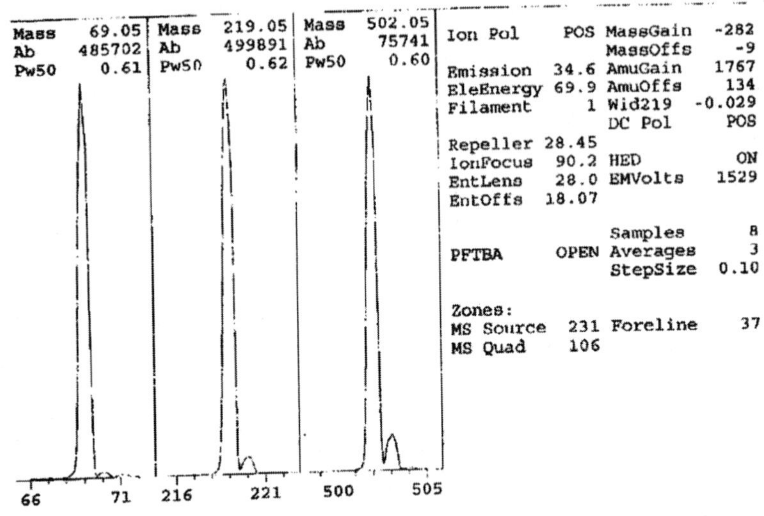

（a）PFTBA 特征离子 *m*/*z* 69，*m*/*z* 219 及 *m*/*z* 502 的质量分布图

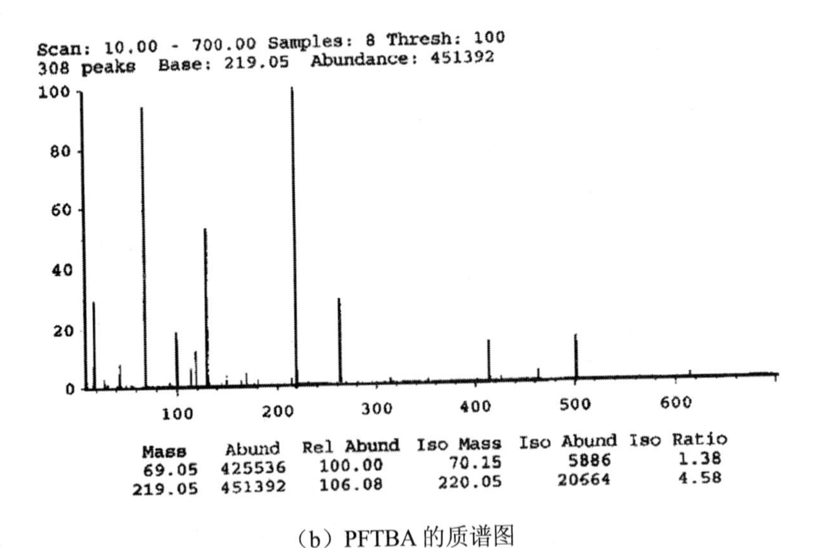

（b）PFTBA 的质谱图

图 3-13 特征离子 *m*/*z* 69，219 及 502 的质量分布图及 PFTBA 的质谱图

检查质谱仪正常后用二氯甲烷纯溶剂进样检查色谱基线是否稳定，色谱系统是否清洁，若答案肯定，即可用五氯酚、十氟三苯基磷（DFTPP）、联苯胺及 DDT 的二氯甲烷混合溶液（各 50 μg/mL）对色质谱的综合性能进行检验。DFTPP 用于检查质谱工作状态，其他三个化合物用于检查色谱的工作状态：五氯酚及联苯胺分别用于检查色谱系统中是

否存在碱及酸活性点，DDT 用于检查色谱系统中的催化活性点。进此混合溶液 1 μL 入色质系统，检查色谱峰形及 DFTPP 各碎片离子的质量数、相对丰度。若五氯酚及联苯胺峰不拖尾，且有一定强度；降解成 DDD 及 DDE 的 DDT 不超过总量的 20%，即 DDD 及 DDE 的峰面积之和不大于 DDT、DDD 及 DDE 峰面积总和的 20%，则说明色谱系统符合质控标准。图 3-14 为 GC-MS 仪器性能检查混合液的色质谱图，其中（1）为混合液色谱图，（2）为 DFTPP 质谱图。DFTPP 各碎片离子的相对丰度应达到表 3-29 中所列指标。

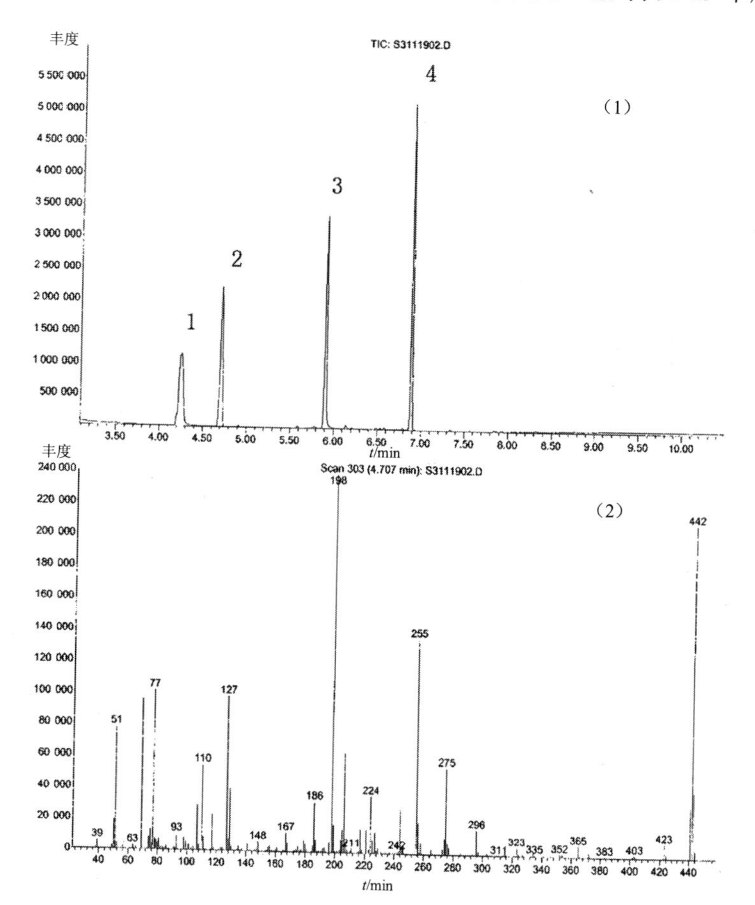

图 3-14　GC-MS 仪器性能检查混合标准溶液的色质谱图

（1）混合液色谱图：1—五氯酚；2—DFTPP；3—联苯胺；4—DDT。

（2）DFTPP 质谱图。

仪器条件：试液质量浓度 25 μg/mL，进样量 1 μL，Agilent 6890GC/5973MSD，毛细柱 ZB-5 ms，30 m× 0.25 mm × 0.25 μm，无分流进样 0.3 min，载气 He，恒流 2.0 mL/min，程序升温 150℃（0 min）～320℃（2 min）@* 20 ℃/min，共 10.5 min，质谱仪全扫描 35～500 mu。

注：*@指 150～320℃的升温速率是每分钟 20℃，下同。

表 3-29 十氟三苯基砜 DFTPP 离子相对丰度标准

离子质量数（m/z）	相对丰度
127	40%～60%
197	＜1%
198	100%（基峰）
199	5%～9%
275	10%～30%
365	＞1%
441	存在并且＜m/z 443
442	＞40%
443	m/z 442.39 的 17%～23%

3.5.3 同氯异构体选择离子检测时间窗的建立

确定仪器工作正常后即可通过多氯联苯同氯异构体时间窗混合标样建立最佳色谱条件，使各目标化合物在较短的时间内得到较好的分离，并具有良好的峰形，更重要的是确定各多氯联苯同氯异构体的时间窗，并在其基础上建立选择离子检测时间窗。

3.5.3.1 同氯异构体保留时间窗的确定

每个同氯异构体的保留时间是一个时间段，除一氯及十氯两个同氯异构体外，相邻的同氯异构体的保留时间互相交织，在建立分析方法之前必须通过多氯联苯同氯异构体时间窗混合标样确定每个同氯异构体的保留时间窗。时间窗混合标样由每个同氯异构体中保留时间最短及最长的两个单体另加十氯联苯及联苯，共 20 个化合物组成，见表 3-30。

表 3-30 多氯联苯同氯异构体时间窗混合标样组成

同氯异构体名称	保留时间最短单体	保留时间最长单体
一氯联苯	PCB1	PCB3
二氯联苯	PCB10	PCB15
三氯联苯	PCB19	PCB37
四氯联苯	PCB54	PCB77
五氯联苯	PCB104	PCB126
六氯联苯	PCB156	PCB169
七氯联苯	PCB188	PCB189
八氯联苯	PCB202	PCB205
九氯联苯	PCB208	PCB206
十氯联苯	PCB209	PCB209

首先是优化色谱条件，具体做法是配制，将 1 μL PCB 时间窗混合标样（质量浓度 2 μg/mL）进 GC-MS 分析，质谱用全扫描模式，对各个峰定性，确定 PCB 时间窗混合标样中各单体的保留时间，观察各峰峰形及分离情况，调整 GC 条件，使峰形及各峰分离达到满意。

气相色谱条件确定后进样分析时间窗混合标样，仔细观察所获得的总离子流色谱图及各多氯联苯同氯异构体的质谱图，确定各多氯联苯同氯异构体的保留时间窗，即每个同氯异构体中保留时间最短及最长的两个单体保留时间所覆盖的时间范围。图 3-15 为时间窗混合标样的总离子流色谱图。图 3-16（1）至图 3-16（10）是各多氯联苯同氯异构体的质谱图。

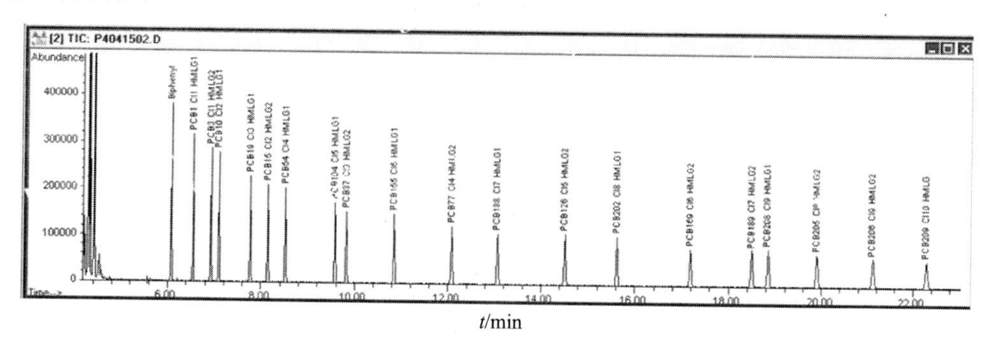

图 3-15 PCB 同氯异构体时间窗混合标样的总离子流色谱图

仪器条件：Agilent 6890GC/5973MSD ZB-5 ms 30 m × 0.25 mm × 0.25μm，无分流进样 1 μL，0.3 min，载气 He，恒流 2.0 mL/min，程序升温，45℃（2 min）～210（1 min）@* 50～310℃（0 min）@ 4℃/min，质谱仪全扫描 35～500 mu。

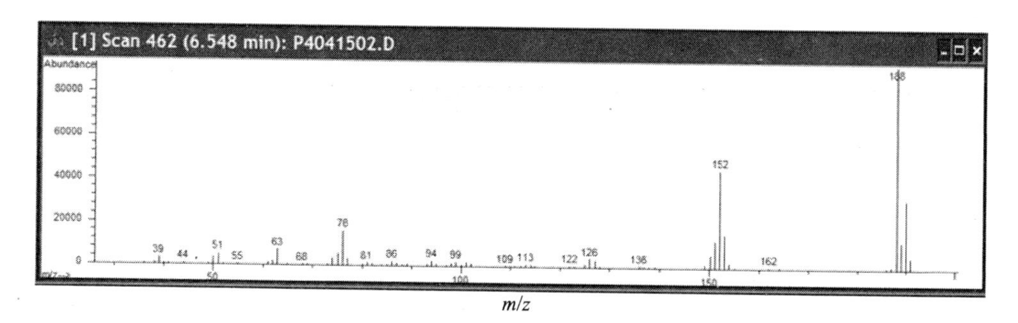

（1）一氯联苯

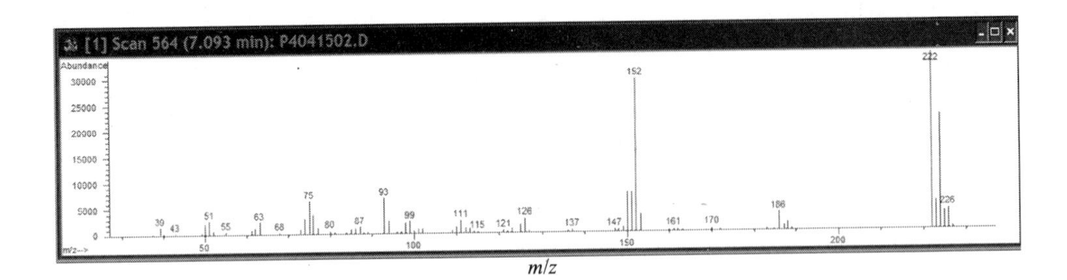

m/z

（2）二氯联苯

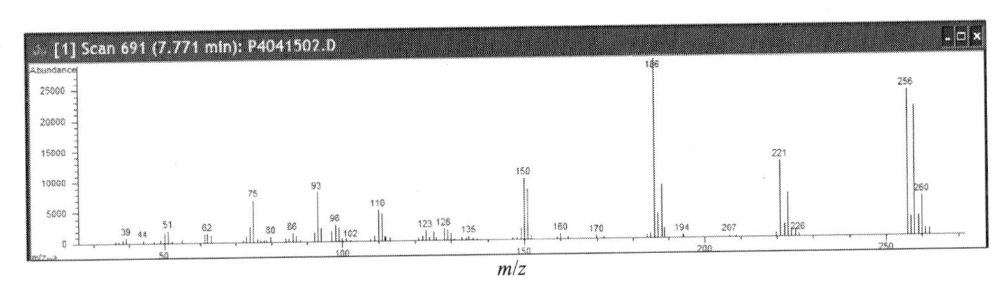

m/z

（3）三氯联苯

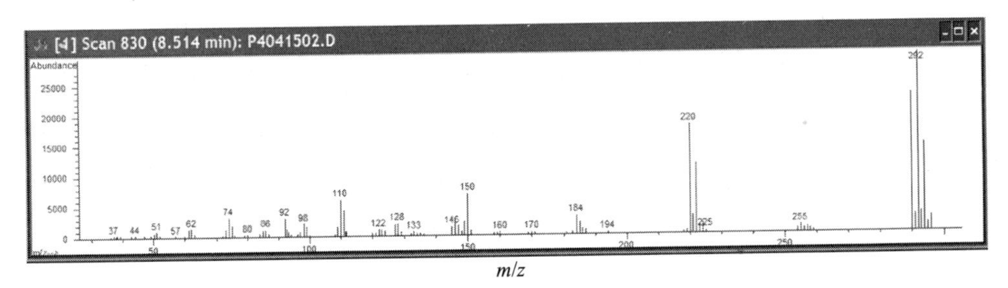

m/z

（4）四氯联苯

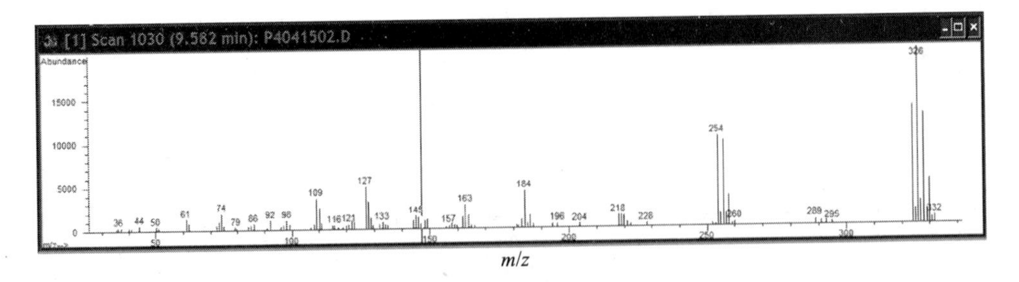

m/z

（5）五氯联苯

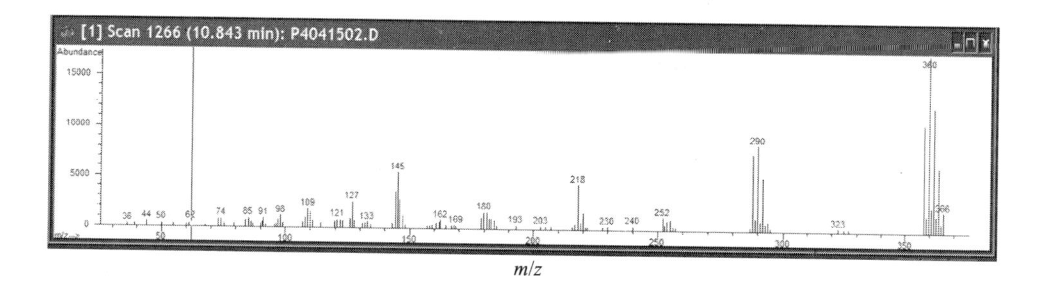

m/*z*

（6）六氯联苯

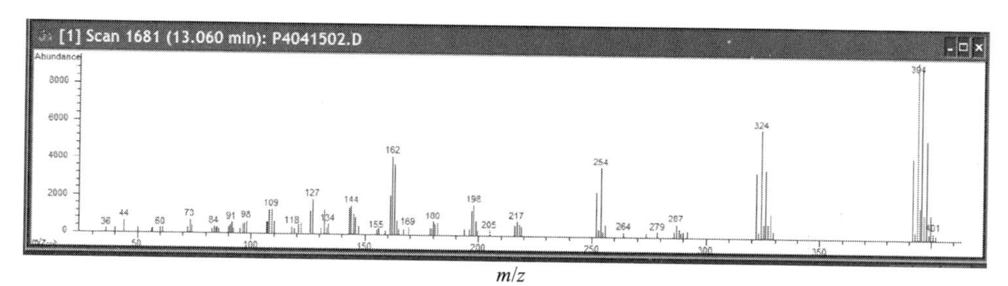

m/*z*

（7）七氯联苯

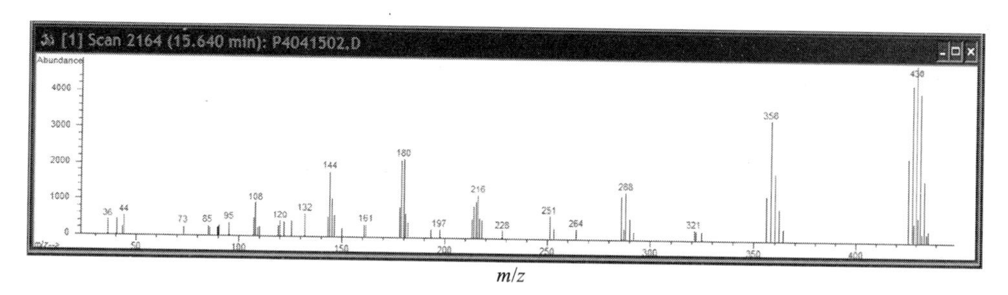

m/*z*

（8）八氯联苯

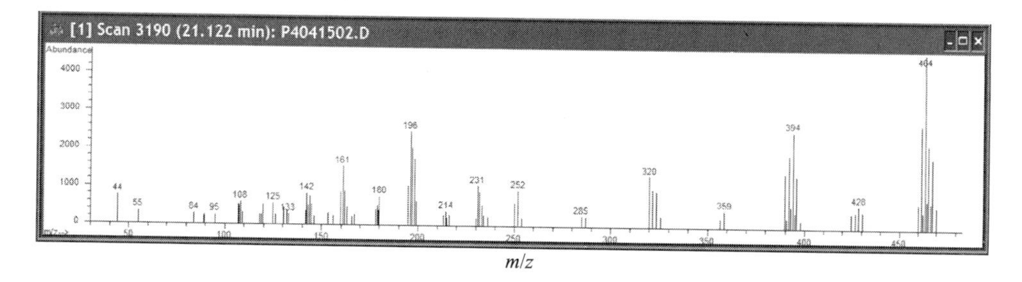

m/*z*

（9）九氯联苯

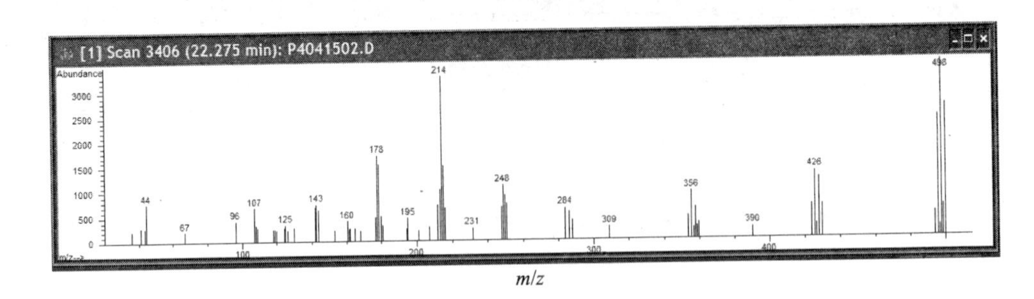

（10）十氯联苯

图 3-16　各多氯联苯同氯异构体的质谱图

注：各质谱图来自图 3-15 相关峰。

3.5.3.2　同氯异构体选择离子检测时间窗的建立

监测时间窗的建立：各多氯联苯同氯异构体保留时间窗确定后就可以建立选择离子监测的时间窗。建立选择离子监测时间窗时要明确：

（1）该时间窗出峰结束的目标物，即某多氯联苯同氯异构体中最后出峰的单体在此窗口出峰；

（2）该时间窗出峰未结束的目标物，即某多氯联苯同氯异构体中最先出峰的单体在此窗口或此窗口前已经出峰，但它最后出峰的单体在此窗口尚未出峰；

（3）该时间窗可能对目标物产生干扰的其他目标物。

判断可能的干扰物时除考虑到保留时间的重叠外，还要考虑干扰物的碎片离子和被干扰物的分子离子。应当注意，目标物在质谱仪离子源里离子化后产生的各种碎片离子与是否采用选择离子检测模式无关，即在选择离子模式下，虽然许多碎片离子是检测不到的，可它们却是存在的。如果它们当中的某些离子的质荷比与其他目标物定性、定量离子的相同就会对那些目标物的分析产生干扰。各目标 PCB 同氯异构体的定量离子和主要的定性验证离子选自它们的分子离子组。分子离子中最强的离子作为定量离子，然后再选 1～2 个次强的分子离子作为验证离子。表 3-31 列出了多氯联苯同氯异构体分子离子丛中用于定量和验证的离子及其相对丰度。表中也包括内标物 phenanthrene-d10 及 chrysene-d12，替代标准物 DBOFB 及 OCN 的定量和验证离子。

表 3-31 多氯联苯同氯异构体分子离子丛中用于定量和验证的离子及其相对丰度*

质荷比（*m/z*）	相对丰度/%	质荷比（*m/z*）	相对丰度/%	质荷比（*m/z*）	相对丰度/%
一氯联苯		二氯联苯		三氯联苯	
188	**100.00**	**222**	**100.00**	**256**	**100.00**
190	33.40	224	66.00	258	66.00
—	—	226	11.20	260	32.70
四氯联苯		五氯联苯		六氯联苯	
290	76.20	324	61.00	358	50.90
292	**100.00**	**326**	**100.00**	**360**	**100.00**
294	49.40	328	65.70	362	82.00
296	11.00	330	21.70	364	36.00
七氯联苯		八氯联苯		九氯联苯	
392	43.70	426	33.40	460	26.00
394	**100.00**	428	87.30	462	76.40
396	98.30	**430**	**100.00**	**464**	**100.00**
398	53.80	432	65.6	466	76.40
—	—	434	26.90	468	37.60
十氯联苯		phenanthrene-d10		chrysene-d12	
496	68.00	**188**	**100.00**	**240**	**100.00**
498	**100.00**	189	12	241	19
500	87.30	—	—	—	—
502	50.00	—	—	—	—
DBOFB		OCN			
456	**100.00**	**404**	**100.00**		
458	47.6	406	65.6		

* 其中黑体字为定量离子。

在划定时间窗时要注意给每个多氯联苯同氯异构体目标物的最后出峰的单体留有一定余地，以保证当保留时间波动时每个目标物最后出峰的单体都能在预定的窗口中出峰，而无遗漏。

为使各时间窗检测的离子平均分布，分析过程中一共分五个时间窗：

第一个时间窗在联苯出峰前选择一点作为第一时间窗的起点；从图 3-15 可以看到 PCB54（最先出峰的四氯联苯）与 PCB104（最先出峰的五氯联苯）间有较大空隙，可在其中选一个时间窗切换点，作为第一时间窗与第二时间窗交接；同时可以观察到在第一时间窗内出峰完整的有一氯联苯及二氯联苯，它们即是该时间窗出峰结束的目标物，而三氯联苯及四氯联苯是出峰未结束的目标物；图中可看到在最后一个一氯联苯出峰前没有其他多氯联苯出峰，故没有任何其他多氯联苯可对一氯联苯的分析造成干扰；而在最后一个二氯联苯出峰前已有三氯联苯出峰，故三氯联苯分子离子丛中的 *m/z* 257 会对二氯联苯产生干扰（*m/z* 257 – 35 = 222）。同时在最后出峰的三氯联苯前已有四氯联苯出峰，故在此时间段四氯联苯会对三氯联苯产生干扰（*m/z* 291 – 35 = 256）；而此期间四氯联苯不受干扰。总之在此时间窗内要监测一氯联苯、二氯联苯、三氯联苯及四氯联苯的定性、定量离子。

第二时间窗与第三时间窗的交接点设在最后出峰的四氯联苯 PCB77 与最先出峰的七氯联苯 PCB188 之间。在此期间三氯联苯及四氯联苯出峰完毕，而五氯联苯及六氯联苯是出峰未结束的目标物；三氯联苯的定量离子 *m/z* 256 受四氯联苯（*m/z* 291 – 35 = 256）及五氯联苯（*m/z* 326 – 70 = 256）的干扰；四氯联苯的定量离子 *m/z* 292 受五氯联苯（*m/z* 327 – 35 = 292）及六氯联苯（*m/z* 362 – 70 = 292）的干扰；五氯联苯的定量离子 *m/z* 326 受六氯联苯（*m/z* 361 – 35 = 326）的干扰；而此期间六氯联苯不受干扰。该时间窗内要监测三氯联苯、四氯联苯、五氯联苯及六氯联苯的定性、定量离子。

第三时间窗与第四时间窗的交接点设在最后出峰的五氯联苯 PCB126 与最先出峰的八氯联苯 PCB202 之间。在此期间五氯联苯出峰完毕，而六氯联苯及七氯联苯是出峰未结束的目标物；五氯联苯的定量离子 *m/z* 326 受六氯联苯（*m/z* 361 – 35 = 326）及七氯联苯（*m/z* 396 – 70 = 326）的干扰；六氯联苯的定量离子 *m/z* 360 受七氯联苯（*m/z* 395 – 35 = 360）的干扰；而此期间七氯联苯不受干扰。该时间窗内要监测五氯联苯、六氯联苯及七氯联苯的定性、定量离子。

第四时间窗与第五时间窗的交接点设在最后出峰的七氯联苯 PCB189 与最先出峰的九氯联苯 PCB208 之间。在此期间六氯联苯及七氯联苯出峰完毕，而八氯联苯是出峰未结束的目标物；六氯联苯的定量离子 *m/z* 360 受七氯联苯（*m/z* 395 – 35 = 360）及八氯联苯（*m/z* 430 – 70 = 360）的干扰；七氯联苯的定量离子 *m/z* 394 受八氯联苯的干扰（*m/z* 429 – 35 = 394）；而此期间八氯联苯不受干扰。该时间窗内要监测六氯联苯、七氯联苯及八氯联苯的定性、定量离子。

第五时间窗的终点在十氯联苯出峰后。在此期间八氯联苯、九氯联苯及十氯联苯全部出峰完毕；八氯联苯的定量离子 *m/z* 430 受九氯联苯的干扰（*m/z* 465– 35 =430）；而九氯联苯及十氯联苯均不受干扰。该时间窗内要监测八氯联苯、九氯联苯及十氯联苯的定性、定量离子。

将上述时间窗的划分用横坐标上的箭头标于总离子流图中，即得 PCB 同氯异构体检测时间窗的划分图（图 3-17）。按各时间窗中所检测目标物确定各时间窗内所检测的选择离子，并将其设入质谱仪选择离子检测的时间程序。应当注意在上述讨论中只谈到多氯联苯，而实际分析过程中还需要内标物及替代标准物。它们的定性定量离子也必须设入分析程序内。笔者所使用的内标物是 phenanthrene-d10（*m/z* 188，189）及 chrysene-d12（*m/z* 240，241），替代标准物是 DBOFB（*m/z* 456，458）及 OCN（*m/z* 406）。其中 phenanthrene-d10（*m/z* 188，189）及 DBOFB（*m/z* 456，458）在第一时间窗出峰，chrysene-d12（*m/z* 240，241）在第四时间窗出峰，OCN（*m/z* 406）在第五时间窗出峰。

从上面时间窗的设置可以看出有四个单体是关键的，即 PCB104，第一时间窗必须在 PCB104 出峰前结束；PCB77，第三时间窗必须在 PCB77 出峰后才能开始；PCB202，第四时间窗必须在 PCB202 出峰前开始；PCB208，第五时间窗必须在 PCB208 出峰前开始。这样做可以使各时间窗所检测的选择离子达到最均匀的分布。图 3-17 中用箭头标出了这四个峰的位置。在日常分析过程中这四个峰的保留时间被用来检查气相色谱系统保留时间的稳定性。

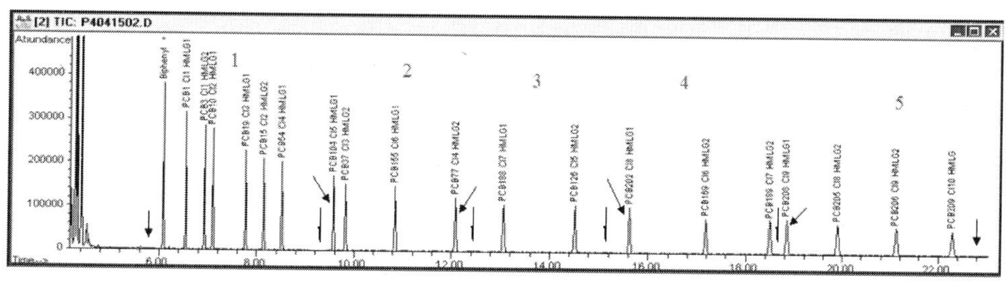

仪器条件：同图 3-15。

图 3-17　PCB 同氯异构体时间窗划分

确定在各窗口选择监测的离子：确定了检测时间窗，就可以根据时间窗内的目标物及其干扰物设定各时间窗内的检测离子。需要检测的离子包括：各目标物的定量离子，定性用的验证离子及与干扰物有关的离子。

各目标物的定量离子即其分子离子丛中丰度最高的离子（表 3-31）。

用于定性验证的离子除前面所述主要选自分子离子丛中的离子外（表 3-31），还有分子离子失去两个氯原子后产生的碎片离子。从各多氯联苯同氯异构体的质谱图[图 3-16（1）～图 3-16（10）]中可以看出，除分子离子丛外，各同氯异构体在分子离子减少两个氯原子（M^+-70）处还有一丛明显的特征离子（一氯联苯是分子离子减去 HCl，即 M^+-36），它们也被用做定性的补充验证离子。

确定与干扰物有关的离子首先搞清楚各同氯异构体在各个窗口可能存在的干扰物。表 3-32 列出了各时间窗中检测的同氯异构体及可能的干扰物，它总结了上面划分检测时间窗的结果。

表 3-32 各时间窗中检测的同氯异构体及可能的干扰物

时间窗	同氯异构体	有无可能被干扰	
		来自 M^++35 离子丛	来自 M^++70 离子丛
1	PCB1	无	无
	PCB2	有	无
	PCB3	有	无
	PCB4	无	无
2	PCB3	有	有
	PCB4	有	有
	PCB5	有	无
	PCB6	无	无
3	PCB5	有	有
	PCB6	有	无
	PCB7	无	无
4	PCB6	有	有
	PCB7	有	无
	PCB8	无	无
5	PCB8	有	无
	PCB9	无	无
	PCB10	无	无

表中 M^++35 离子丛是来自多一个氯原子的 PCB 同氯异构体，而 M^++70 离子丛是来自多两个氯原子的 PCB 同氯异构体。作为目标物，它们的定量离子及验证离子已经包括在与被干扰的同氯异构体相同的时间窗内。为了计算被干扰 PCB 同氯异构体的真实量，需要扣除其测出值中来自干扰物的部分。对于来自 M^++35 的干扰部分是靠 M^+–1 的离子峰面积计算，而来自 M^++70 的干扰部分则是靠 M–2 的离子峰面积计算（详见样品分析中修正值的计算）。因此用于计算修正值的离子也必须包括在检测离子中。

综上所述，每个时间窗中检测的离子包括：目标物定量离子、验证离子及用于计算修正值的离子，此外还要加上内标物及替代标准物的定量及验证离子。表 3-33（1）和（2）列出了各时间窗中选择检测的离子，其中（1）列出了各个离子的来源，（2）为分组后的选择离子。

表 3-33 PCB 同氯异构体分析各时间窗中选择检测的离子

（1）各时间窗中选择检测的离子及其分类

时间窗	同氯异构体	定量离子	分子离子中的验证离子	M^+-70 类验证离子①	M^++35 干扰验证离子	M^++35 干扰计算用离子 $(M^+-1)^+$	M^++70 干扰验证离子	M^++70 干扰计算用离子 $(M^+-2)^+$	共检测离子总数
1	PCB1	188	190	152，153	—	—	—	—	18
	PCB2	222	224	152，186，188	256，258	221	—	—	
	PCB3	256	258	186，188	290，292，294	255	—	—	
	PCB4	292	290，294	220，222	—	—	—	—	
	菲-d10	188	189	—	—	—	—	—	
	DBOFB	456	458	—	—	—	—	—	
2	PCB3	256	258	186，188	290，292，294	255	324，326，328	254	20
	PCB4	292	290，294	220，222	324，326，328	289	360，362	288	
	PCB5	326	324，328	254，256	360，362	323	—	—	
	PCB6	360	358，362	288，290	—	—	—	—	
3	PCB5	326	324，328	254，256	360，362	323	392，394，396，398	322	17
	PCB6	360	358，362	288，290	392，394，396，398	357	—	—	
	PCB7	394	392，396	322，324	—	—	—	—	
4	PCB6	360	358，362	288，290	392，394，396，398	357	428，430，432	356	19
	PCB7	394	392，396	322，324	428，430，432	391	—	—	
	PCB8	430	428，432	356，358	—	—	—	—	
	䓛-d12	240	241	—	—	—	—	—	
5	PCB8	430	428，432	356，358	462，464，466	425	—	—	18
	PCB9	464	462，466	390，392	—	—	—	—	
	PCB10	498	496，500	424，426，428	—	—	—	—	
	OCN	404	406	—	—	—	—	—	

①一氯联苯是 M–36。

（2）PCB 同氯异构体分析各时间窗中的选择离子组

第一时间窗 5.80～9.30 min	第二时间窗 9.30～12.30 min	第三时间窗 12.30～15.20 min	第四时间窗 15.20～18.68 min	第五时间窗 18.68～26.00 min
*m/z*①	*m/z*②	*m/z*③	*m/z*④	*m/z*⑤
152	186	254	240	356
153	188	256	241	358
186	220	288	288	390
188	222	290	290	392
189	254	322	322	424
190	255	323	324	425
220	256	324	356	426
221	258	326	357	428
222	288	328	358	430
224	289	357	360	432
255	290	358	362	462
256	292	360	391	464
258	294	362	392	466
290	323	392	394	496
292	324	394	396	498
294	326	396	398	500
456	328	398	428	404
458	358	—	430	406
—	360	—	432	—
—	362	—	—	—

①检测一氯联苯至四氯联苯，内标物 phenanthrene-d10 及替代标准物 DBOFB，共 18 个离子；
②检测三氯联苯至六氯联苯，共 20 个离子；
③检测五氯联苯至七氯联苯，共 17 个离子；
④检测六氯联苯至八氯联苯至及内标物䓛-d12，共 19 个离子；
⑤检测八氯联苯至十氯联苯至及替代标准物 OCN，共 18 个离子。

3.5.4 标准曲线的建立

检测时间窗及选择检测的离子确定后就可以建立定量分析的标准曲线了。

按表 3-34 配制多氯联苯同氯异构体的校准标准溶液，其中除九氯联苯外所有其他 9 个同氯异构体都各有一个单体代表。九氯联苯与十氯联苯相对响应值接近，故用同一单体做标准曲线。标准曲线由 0.01 μg/mL，0.05 μg/mL，0.10 μg/mL，0.50 μg/mL，1.0 μg/mL 和 2.0 μg/mL 6 个质量浓度等级组成，各浓度等级分别含相同浓度的各多氯联苯同氯异构体及替代标准物 DBOFB 和 OCN。各级标准溶液中加入内标物 chrysene-d12 和菲-d10，使质量浓度各为 1 μg/mL。标准曲线标样分析前要用 GC-MS 仪器性能检查混合标准溶液对系统进行检查，合格后（图 3-14），用多氯联苯同氯异构体保留时间校准标准溶液对所定检测时间窗进行核证，其中 PCB77、PCB104、PCB202 及 PCB189 的保留时间与建立检测时间窗时各自保留时间的差别不得超过 10 s。检测时间窗验证合格后即可进校准标样分析，建立定量标准曲线。用表 3-31 中多氯联苯同氯异构体选的定量分子离子峰积分计算响应因子。图 3-18 为标准曲线中 0.50 μg/mL 及 0.01 μg/mL 质量浓度点的总离子流色谱图。

表 3-34　多氯联苯同氯异构体的定量校准用单体

PCB 同氯异构体	定量校准用单体*	氯取代基位置
一氯联苯	PCB1	2
二氯联苯	PCB5	2，3
三氯联苯	PCB29	2，4，5
四氯联苯	PCB50	2，2′，4，6
五氯联苯	PCB87	2，2′，3，4，5′
六氯联苯	PCB154	2，2′，4，4′，5，6′
七氯联苯	PCB188	2，2′，3，4′，5，6，6′
八氯联苯	PCB200	2，2′，3，3′，4，5′，6，6′
九氯联苯*	—	—
十氯联苯	PCB209	2，2′，3，3′，4，4′，5，5′，6，6′

* PCB209 为九氯联苯及十氯联苯共同校准标准物。

（1）

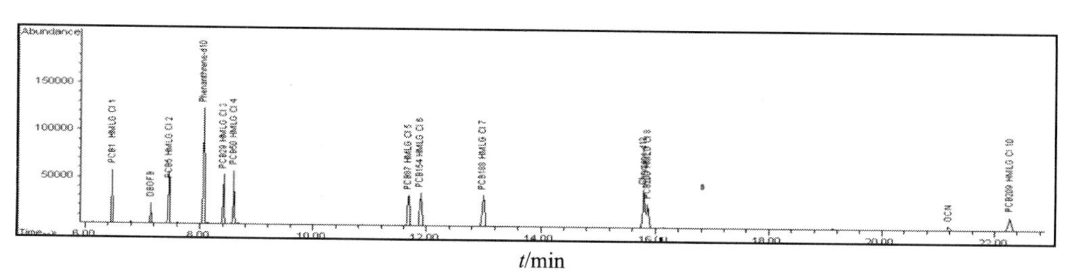

（2）

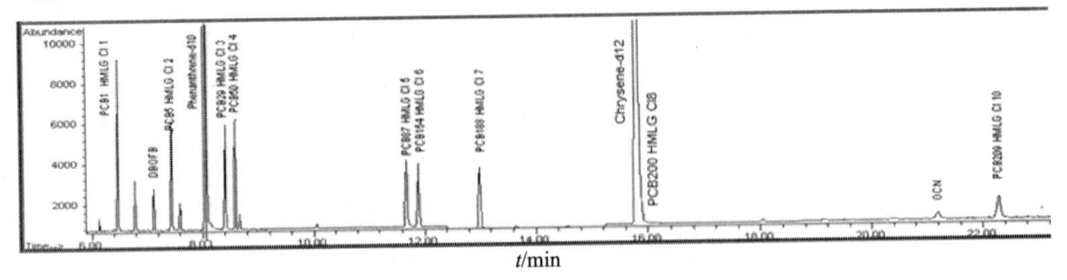

图 3-18　多氯联苯同氯异构体标准曲线中 0.50 μg/mL（1）
及 0.01 μg/mL（2）质量浓度点的总离子流色谱图

注：气相色谱条件同图 3-15；质谱条件：选择离子检测模式，五组，时间窗及检测离子见表 3-33（2）。

用内标法计算代表各 PCB 同氯异构体的校准用单体相对响应因子（*RF*）。

$$RF = A_x Q_{is} / A_i Q_x$$

式中：A_x——PCB 同氯异构体的校准用单体或替代标准物定量离子峰面积；

A_i——内标物定量离子峰面积（phenanthrene-d10，*m*/*z* 188；chrysene-d12，*m*/*z* 240）；

Q_{is}——内标物进样量；

Q_x——PCB 校准用单体或替代标准物进样量。

替代标样 DBOFB 及一氯联苯至五氯联苯用内标物 phenanthrene-d10 计算；替代标样 OCN 及六氯联苯至十氯联苯用 chrysene-d12，*m*/*z* 240 计算。

注意：*RF* 无量纲，目标物与内标物进样量单位要一致。

计算各校准用单体在标准曲线各点相对响应值的平均值及其相对标准偏差 *RSD*，若 *RSD*≤20%则标准曲线合格，可用平均相对响应因子进行定量计算。

3.5.5　样品分析

样品分析必须使用和建立校准曲线时相同的仪器操作条件，其中 PCB77，PCB104，PCB202 及 PCB189 的保留时间与建立检测时间窗时各自保留时间的差别不得超过 10 s，若超过范围要对检测时间窗进行调整。检测时间窗验证合格后即可进行校准曲线验证。用标准曲线中间质量浓度 0.5 μg/mL 的标样 1 μL 进样分析，各目标物结果与期望值的百分差应不大于 20%。标准曲线验证合格后即可开始样品分析。

在经净化、定容为 1 mL 的样品萃取液中加入 10 μL 100 μg/mL 的内标物溶液（若定容为 0.5 mL 则加入 5 μL），使内标物在萃取液中质量浓度为 1.0 μg/mL。按与建立标准曲线完全相同的条件用 1 μL 萃取液进行 GC-MS 分析。检查目标物的质谱图是否有峰饱和，若有，将样品适当稀释后重新分析。根据定量离子及验证离子找出内标物峰，并确认内标物峰面积不小于标准曲线中相同内标物峰面积平均值的 50%，否则重新分析。

对干扰离子的修正是样品分析中的重要内容。在建立选择离子检测时间窗的过程中，我们已经明确每个多氯联苯的出峰期间，也明确了在其出峰区间某一时间窗内，可能存在何种其他的、具有更多氯取代基的同氯异构体的干扰，这种干扰会改变定量离子与核证离子间的比例，使定性分析受到影响，而外来的、对定量离子的贡献则造成定量分析的正偏差。因此，与一般有机污染物的色质谱分析不同，在同氯异构体分析中必须首先判断是否存在干扰物；若有，则要对其进行修正。表 3-32 列出了各目标同氯异构体在每个时间窗内可能有的干扰物；表 3-33（1）列出了为计算、修正干扰所用的检测离子。可以看出从二氯联苯至八氯联苯都有可能在某时间窗受来自多一个氯原子的多氯联苯（M+35）的干扰；用来修正来自 M+35 干扰的离子是被干扰物标准分子离子减 1，即（M−1）$^+$。而从三氯联苯至六氯联苯则可能在某时间窗受来自多两个氯原子的多氯联苯（M+70）的干扰，用来修正来自 M+70 干扰的离子是被干扰物标准分子离子减 2，即（M−2）$^+$。例如在时间窗 2 中，标准分子离子为 *m/z* 256 的三氯联苯可受到来自四氯联苯（M_{3Cl}+35）分子离子丛及五氯联苯（M_{3Cl}+70）分子离子丛的干扰；计算这两方面的干扰分别用 *m/z* 255 及 *m/z* 254 两个离子。

计算来自多一个氯原子同氯异构体（M+35）的干扰：以三氯联苯为例，其标准分子量 M_{3Cl} 是 256，定量离子是 *m/z* 256，而四氯联苯分子离子丛中（M_{4Cl}+1）$^+$，即 *m/z* 291，失去一个 ^{35}Cl，就正好是 *m/z* 256，为了计算在所检测到的三氯联苯分子离子丛中 *m/z* 256 有多少是来自四氯联苯的 *m/z* 291 离子，就必须要靠 *m/z* 255 离子。因为（M_{3Cl}−1）$^+$（M_{3Cl} 失去一个氢原子）的丰度极小[图 3-16（3）]，基本观察不到，若在三氯联苯的质谱图中出现明显的 *m/z* 255 离子，则可以初步认定是来自 M_{4Cl}+1。更重要的是我们可以从 *m/z* 255 离子的峰面积计算出在三氯联苯的质谱图中来自四氯联苯分子离子丛的 *m/z* 256 离子的峰面积。由于含完全相同的碳原子数及氯原子数，来自四氯联苯分子的 *m/z* 256 离子与来自四氯联苯分子的 *m/z* 255 离子之比与纯三氯联苯分子离子丛中 *m/z* 257 与 *m/z* 256 之比相同即 13.5∶100：

$$\frac{(m/z\ 256)_{4Cl}}{(m/z\ 255)_{4Cl}} = \frac{(m/z\ 257)_{3Cl}}{(m/z\ 256)_{3Cl}} = \frac{13.5}{100} = 0.135$$

$$(m/z\ 256)_{4Cl} = 0.135 \times (m/z\ 255)_{4Cl}$$

式中：$(m/z\ 255)_{4Cl}$——三氯联苯中检出的、来自四氯联苯干扰物的 *m/z* 255，即（M_{3Cl}-1）$^+$的峰面积；

$(m/z\ 256)_{4Cl}$——来自四氯联苯干扰物的 m/z 256 峰面积；

$(m/z\ 256)_{3Cl}$——纯三氯联苯分子离子 m/z 256 峰面积；

$(m/z\ 257)_{3Cl}$——纯三氯联苯分子离子 m/z 257，即（M+1）$^+$峰面积。

所以受四氯联苯干扰的三氯联苯中来自其本身的 $(m/z\ 256)_{3Cl}$ 应为测出值扣除 $(m/z\ 256)_{4Cl}$，即：

$$
\begin{aligned}
(m/z\ 256)_{3Cl} &= (m/z\ 256)_{3Cl\,测出值} - (m/z\ 256)_{4Cl} \\
&= (m/z\ 256)_{3Cl\,测出值} - 0.135 \times (m/z\ 255)_{4Cl} \\
&= (m/z\ 256)_{3Cl\,测出值} - 0.135 \times (M_{3Cl}-1)^+
\end{aligned}
$$

式中：$(m/z\ 256)_{3Cl\,测出值}$——三氯联苯中 m/z 256 峰面积测出值；

$(m/z\ 256)_{3Cl}$——三氯联苯中 m/z 256 峰面积经干扰修正后的测出值。

类似地，也可以计算五氯联苯对四氯联苯的干扰，但是由于四氯联苯的定量离子不再是 M_{4Cl}^+ 而是（M_{4Cl}+2）$^+$，即 m/z 292；此时来自五氯联苯的（M_{4Cl}+2）$^+$（m/z 292）与（M_{4Cl}−1）$^+$（m/z 289）的比与纯四氯联苯中分子离子 m/z 293 与 m/z 290 的比相同，即 13.4/76.2 = 17.6%。

同样的道理，由于五氯联苯、六氯联苯、七氯联苯及八氯联苯的定量离子分别为（M_{5Cl}+2）$^+$，（M_{6Cl}+2）$^+$，（M_{7Cl}+2）$^+$及（M_{8Cl}+4）$^+$，它们各个定量离子的测定值中来自多一个氯原子的干扰物部分与（M-1）$^+$离子丰度比分别为：

五氯联苯 13.5/61.0 = 22.1%

六氯联苯 13.5/50.9 = 26.5%

七氯联苯 13.5/43.7 = 30.9%

八氯联苯 13.4/33.4 = 40.1%

总之，从表 3-32 可以看出，从二氯联苯至八氯联苯都有可能在某时间窗受多一个氯原子的多氯联苯干扰，一旦在某多氯联苯的离子流峰的质谱图中发现有多一个氯原子的多氯联苯的分子离子（表 3-33（1）中 M+35 干扰验证离子）就意味着该多氯联苯与比其多一个氯原子的多氯联苯在这个峰上有重叠。将各个受干扰目标同氯异构体的（M−1）$^+$离子峰积分，并将所得面积乘以上面求出的比例系数，就可算出多一氯原子的干扰物对各目标同氯异构体的定量离子的干扰附加值。应当指出来自多一个氯原子多氯联苯的干扰实际上是碳-13 的稳定同位素引起的，由于碳-13 的丰度只有 1.1%，故干扰是较小的，在无特殊要求的情况下可忽略，除非是样品中干扰物的量远大于目标物。

表 3-35 总结了上面讨论的有关修正来自多一个氯原子同氯异构体干扰的内容。表中列出了各个可能受干扰的多氯联苯同氯异构体目标物的定量离子及用于计算干扰的（M−1）$^+$离子，并列出了计算对定量离子干扰量的修正系数。用（M−1）$^+$离子测得值乘

以相应系数，并将所得值从定量离子的测得值中减去，即得干扰校正后的正确值。

表 3-35 来自多一个氯原子同氯异构体干扰的修正

多氯联苯同氯异构体目标物	定量离子	用于计算干扰的（M−2）$^+$离子	定量离子修正系数
二氯联苯	222	221	0.135
三氯联苯	256	255	0.135
四氯联苯	292	289	0.176
五氯联苯	326	323	0.221
六氯联苯	360	357	0.265
七氯联苯	394	391	0.309
八氯联苯	430	425	0.401

计算来自多两个氯原子同氯异构体（M+70）的干扰：从表 3-33（1）可以看出用来修正来自 M+70 干扰的离子是被干扰物标准分子离子减 2，即 M−2。同样以三氯联苯为例，在时间窗 2 中，三氯联苯定量离子 *m/z* 256 可受来自四氯联苯（M_{3Cl}+35）分子离子从及五氯联苯（M_{3Cl}+70）分子离子丛的干扰；计算来自五氯联苯的干扰用离子 *m/z* 254，它由五氯联苯分子离子丛中的 M^+_{5Cl} 离子即 *m/z* 324 失去两个 ^{35}Cl 而得，它在三氯联苯本身的质谱图中观察不到，若在三氯联苯的质谱图中出现明显的 *m/z* 254 离子，则可以初步认定是来自 M_{5Cl}。由于来自五氯联苯分子 *m/z* 254 与来自五氯联苯分子的 *m/z* 256 丰度之比与三氯联苯分子离子丛中 *m/z* 256 与 *m/z* 258 丰度之比相同，我们可用表 3-28 的数据从 *m/z* 254 的峰面积计算出在三氯联苯的质谱图中来自五氯联苯分子离子丛的 *m/z* 256 的峰面积。

$$\frac{(m/z\ 256)_{5Cl}}{(m/z\ 254)_{5Cl}} = \frac{(m/z\ 258)_{5Cl}}{(m/z\ 256)_{5Cl}} = \frac{98.6}{100} = 0.99$$

$$(m/z\ 256)_{5Cl} = 0.99 \times (m/z\ 254)_{5Cl}$$

类似地，也可以计算六氯联苯对四氯联苯的干扰，但是由于四氯联苯的定量离子不再是 $M_{4Cl}{}^+$ 而是（M_{4Cl}+2）$^+$，即 *m/z* 292；此时来自六氯联苯的 *m/z* 292 与来自六氯联苯的 *m/z* 288 的峰面积之比等于纯四氯联苯中 *m/z* 294 与 *m/z* 290 的峰面积之比，即 49.4/76.2 = 0.65。

同样的道理，由于五氯联苯及六氯联苯的定量离子分别为（M_{5Cl}+2）$^+$及（M_{6Cl}+2）$^+$，它们各个定量离子的测定值中来自多两个氯原子的干扰物部分与（M−2）$^+$离子的丰度比分别为：

五氯联苯：65.7/61.0 = 1.08

六氯联苯：82.0/50.9 = 1.61

从上面的计算及多氯联苯质谱图中较强的（M–2）$^+$峰组[图 3-16（5）～图 3-16（8）]可以看出，来自多两个氯原子的多氯联苯干扰造成的影响是相当大的，一旦发现就必须对数据进行修正。上面讨论了对定量离子峰进行的修正，实际上这种干扰也涉及定性用的验证离子，它使验证离子与定量离子间的比例发生变化，影响对目标物的定性，因此也应当进行校正。以五氯联苯为例，其定量离子是 *m/z* 326，验证离子是 *m/z* 324，都存在于七氯联苯（M_{7Cl}–2）$^+$的峰丛中，上面讨论了如何用（M_{5Cl}–2）$^+$，即 *m/z* 322，去校正来自七氯联苯的 *m/z* 326，同样也可用它计算出来自七氯联苯的 *m/z* 324：

$$\frac{(m/z\ 324)_{7Cl}}{(m/z\ 322)_{7Cl}} = \frac{(m/z\ 326)_{5Cl}}{(m/z\ 324)_{5Cl}} = \frac{100}{61.0} = 1.64$$

$$(m/z\ 324)_{7Cl} = 1.64 \times (m/z\ 322)_{7Cl}$$

类似地，也可以分别计算其他来自多两个氯原子的多氯联苯对三氯联苯、四氯联苯及六氯联苯验证离子的干扰：

三氯联苯：$(m/z\ 258)_{5Cl} = \dfrac{32.7}{100} \times (m/z\ 254)_{5Cl} = 0.33 \times (m/z\ 254)_{5Cl}$

四氯联苯：$(m/z\ 290)_{6Cl} = \dfrac{100}{76.2} \times (m/z\ 288)_{6Cl} = 1.31 \times (m/z\ 288)_{6Cl}$

六氯联苯：$(m/z\ 362)_{8Cl} = \dfrac{36.0}{50.9} \times (m/z\ 356)_{8Cl} = 0.71 \times (m/z\ 356)_{8Cl}$

表 3-36 总结了上面讨论的有关修正来自多两个氯原子的多氯联苯同氯异构体干扰的内容。表中列出了各个可能受干扰的多氯联苯同氯异构体目标物的定量离子、验证离子及用于计算干扰的（M–2）$^+$离子，并列出了分别计算对定量离子及验证离子干扰量的修正系数。用（M–2）$^+$离子测得值乘以相应系数，并将所得值从定量或验证离子的测得值中减去，即得校正干扰后的正确值。

表 3-36 来自多两个氯原子的同氯异构体干扰的修正

多氯联苯同氯异构体目标物	定量离子	验证离子	用于计算干扰的（M–2）$^+$离子	定量离子修正系数	验证离子修正系数
三氯联苯	256	258	254	0.99	0.33
四氯联苯	292	290	288	0.65	1.31
五氯联苯	326	324	322	1.08	1.64
六氯联苯	360	362	356	1.61	0.71
七氯联苯*	394	396	390	2.25	1.23

* 在本书提供的色谱条件下不存在来自九氯联苯对七氯联苯的干扰。

定性分析：表 3-37 列出了各目标同氯异构体、内标物及替代标准物的定量离子、验证离子及它们之间的比例和可接受范围，表中还列出了 M–70 的验证离子，及检查是否存在多一个氯原子（M+35）或多两个氯原子（M+70）同氯异构体干扰的验证离子。样品分析结束后依据表 3-32 各时间窗中可能存在的各目标同氯异构体及离子流组分色谱图初步判断目标物及干扰物。对于二氯联苯至八氯联苯，检查其质谱图中是否有（M–1）$^+$离子，及（M+35）$^+$离子[表 3-33（a）]；若有，说明存在来自多一个氯原子同氯异构体的干扰，按表 3-35 计算、修正各目标物定量离子。对于三氯联苯至六氯联苯，检查是否有（M–2）$^+$及（M+70）$^+$离子[表 3-33（1）]；若有，说明存在多两个氯原子的同氯异构体的干扰，按表 3-37 计算、修正各定量离子及验证离子。检查各目标化合物经修正后的定量离子与验证离子的比例，若在表 3-37 所列可接受范围内，且存在（M–70）$^+$验证离子，则该目标化合物确认检出。

表 3-37　同氯异构体目标物的定量离子、验证离子及其比例和可接受范围*

多氯联苯同氯异构体目标物	标准分子量	定量离子	验证离子	定量离子与验证离子比		M–70 验证离子	干扰物的验证离子	
				期望值	可接受范围		M+70	M+35
一氯联苯	188	188	190	3.0	2.5～3.5	152**	256	222
二氯联苯	222	222	224	1.5	1.3～1.7	152	292	256
三氯联苯	256	256	258	1.0	0.8～1.2	186	326	290
四氯联苯	290	292	290	1.3	1.1～1.5	220	360	326
五氯联苯	324	326	324	1.6	1.4～1.8	254	394	360
六氯联苯	358	360	362	1.2	1.0～1.4	288	430	394
七氯联苯	392	394	396	1.0	0.9～1.2	322	464	430
八氯联苯	426	430	428	1.1	0.9～1.3	356	498	464
九氯联苯	460	464	466	1.3	1.1～1.5	390	—	498
十氯联苯	494	498	500	1.1	0.9～1.3	424	—	—
内标物								
Phenanthrene-d10	188	188	189	6.6	6.0～7.2	—	—	—
Chrysene-d12	240	240	241	5.1	4.3～5.9	—	—	—
替代标准物								
DBOFB	452	456	458	2.1	1.8～2.4	—	—	—
OCN	400	404	402	1.5	1.3～1.7	—	—	—

* 包括 M–70 的验证离子及检查多一个氯原子（M+35）或多两个氯原子（M+70）干扰的验证离子。

** 一氯联苯失去 HCl 产生 *m/z* 152 离子。

在实际分析中，为方便数据处理，充分利用分析软件的便利条件，在分析软件的目标化合表中除按表 3-33（1）设置各目标物的定量离子及验证离子外，还可将可能出现的干扰物也列为目标物，并设置定量离子与验证离子，利用分析软件对干扰物进行定性、定量处理。例如，在三氯联苯目标物后加上来自多一个氯原子的干扰物“Cl3 干扰 1”及来自多两个氯原子的干扰物 “Cl3 干扰 2”。表 3-38 是后续标准曲线验证结果的原始数据，从表中可看到目标化合物中包括了各 PCB 同氯异构体可能存在的干扰物，如 Cl2 INTF1；Cl3 INTF1，Cl3 INTF2；Cl4 INTF1，Cl4 INTF2 等，分析软件除直接计算样品中目标物定量离子的峰面积外，还可直接计算出用于修正干扰离子的峰面积。

表 3-38 后续标准曲线验证结果的原始数据

多氯联苯同氯异构体目标物	PQL 用定量检出限		
	水样/（ng/L）	土样/（μg/kg）	生物样/（μg/kg）
PCB Cl1	10	0.1	1
PCB Cl2	10	0.1	1
PCB Cl3	10	0.1	1
PCB Cl4	10	0.1	1
PCB Cl5	10	0.1	1
PCB Cl6	10	0.1	1
PCB Cl7	10	0.1	1
PCB Cl8	10	0.1	1
PCB Cl9	10	0.1	1
PCB Cl10	10	0.1	1

定量分析：在目标物检出确认后，将其定量离子从该目标物第一个出峰的时间至最后一个出峰的时间进行积分，算总面积；若发现三氯联苯、四氯联苯、五氯联苯或六氯联苯目标物受多两个氯原子 PCB 干扰，在可出现干扰物的时间区积分所有与目标物峰重叠的（M−2）$^{+}$离子峰，求其和，并与表 3-35 适当系数相乘，将所得从相应目标物定量离子峰总面积中减去，类似地对二氯联苯至八氯联苯目标物可能受到的多一个氯原子的 PCB 的干扰进行修正，得到修正干扰后的目标物定量离子峰总面积，将其与相关的内标物的峰面积结合计算相对响应值，再用从标准曲线得到的该目标物的相对响应因子计算其在样品中的质量浓度。

$$\rho_x = (A_x \cdot Q_{is} \cdot D)/(A_{is} \cdot RF \cdot W)$$

式中：ρ_x——PCB 多氯联苯同氯异构体或替代物在样品中的质量或浓度，μg/L 或μg/kg；

A_x——修正干扰后的 PCB 同氯异构体定量离子峰总面积或替代物定量离子峰面积；

D——稀释倍数；

A_{is}——内标物定量离子峰面积；

Q_{is}——分析前萃取液中内标物加入量，μg；

RF——标准曲线中所得各响应因子（见 3.5.4）；

W——用于萃取的样品量（kg）或体积（L）。

PCB 同氯异构体样品分析实例：图 3-19 是一个多氯联苯同氯异构体样品分析的总离子流图。

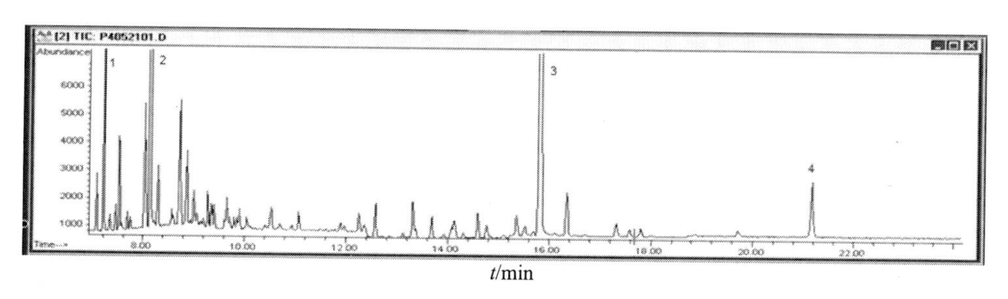

图 3-19　多氯联苯同氯异构体样品分析的总离子流图

气相色谱条件同图 3-15；质谱条件：选择离子检测模式，五组，时间窗及检测离子见表 3-33（2）。峰 1 及峰 4 分别为替代标准物 DBOFB 及 OCN；峰 2 及峰 3 分别为内标 Phenanthrene-d10 及 Chrysene-d12。

以该样中四氯联苯分析为例：

首先在四氯联苯的时间窗以其定量离子（*m*/*z* 292）、验证离子（*m*/*z* 292、*m*/*z* 290、*m*/*z* 220）做离子流组分图，见图 3-20（1）。图中箭头所指从 8.49 min 至 12.20 min 为四氯联苯的保留时间窗，从离子流组分图可以看到峰 1 至峰 15 符合四氯联苯定性标准，虽然从峰 5（保留时间 9.29 min）的质谱图中可观察到 289 及 326，288 及 360，说明存在五氯联苯及六氯联苯干扰，但由于干扰很小，并未影响峰 5 的定性。对定量离子峰 292 积分，求总面积。

其次，在五氯联苯对四氯联苯干扰的时间窗以其用于修正干扰的离子（*m*/*z* 289）、验证离子（*m*/*z* 324、*m*/*z* 326）做离子流组分图，见图 3-20（2）。图中箭头所指从 9.34 min 至 12.20 min 为五氯联苯对四氯联苯干扰的时间窗，从离子流组分图可以看到峰 1 及峰 2 有明显的干扰指示离子：*m*/*z* 289 及 *m*/*z* 324、*m*/*z* 326；对照图 3-20（1），图 3-20（2）中的峰 1 与图 3-20（1）中的峰 15 重叠，但由于峰 15 中 *m*/*z* 292 本身就很小，故修正后来自五氯联苯的干扰可以忽略不计；而图 3-20（2）中的峰 2，其保留时间 11.07 min，在图 3-20（1）中无检出，故其干扰亦可忽略。

再次，在六氯联苯对四氯联苯干扰的时间窗以其用于修正干扰的离子（*m*/*z* 288）、验证离子（*m*/*z* 360、*m*/*z* 362）做离子流组分图，见图 3-20（3）。图中箭头所指从 10.66 min 至 12.20 min 为六氯联苯对四氯联苯干扰的时间窗，从图中可以看到保留时间 11.88 min 有明显的干扰指示离子：即 *m*/*z* 288、*m*/*z* 360 和 *m*/*z* 362；然而对照图 3-22（1），在此保留时间无四氯联苯检出，故其干扰亦可忽略。

由于来自五氯联苯及六氯联苯的干扰均可忽略，故可用上面求得的 *m*/*z* 292 的总面积计算此样品中四氯联苯的浓度。

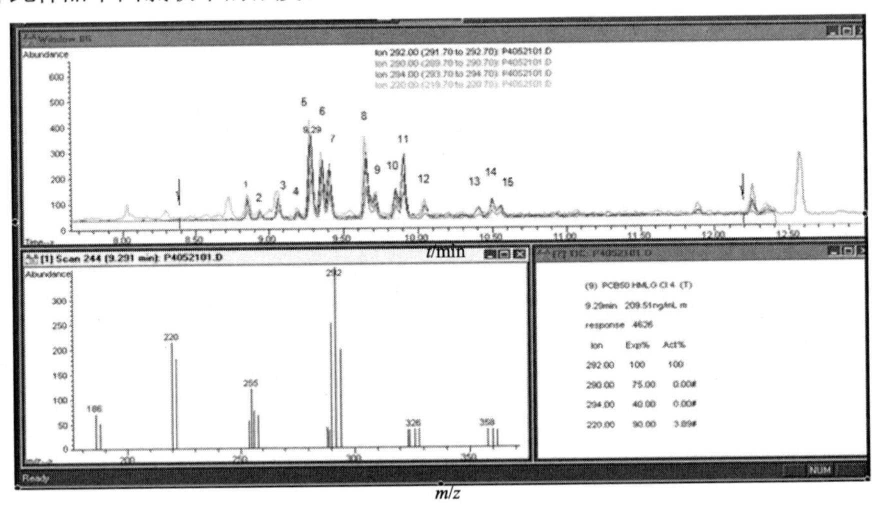

（1）四氯联苯的时间窗离子流组分图及其中保留时间为 9.291 min 的峰的质谱图

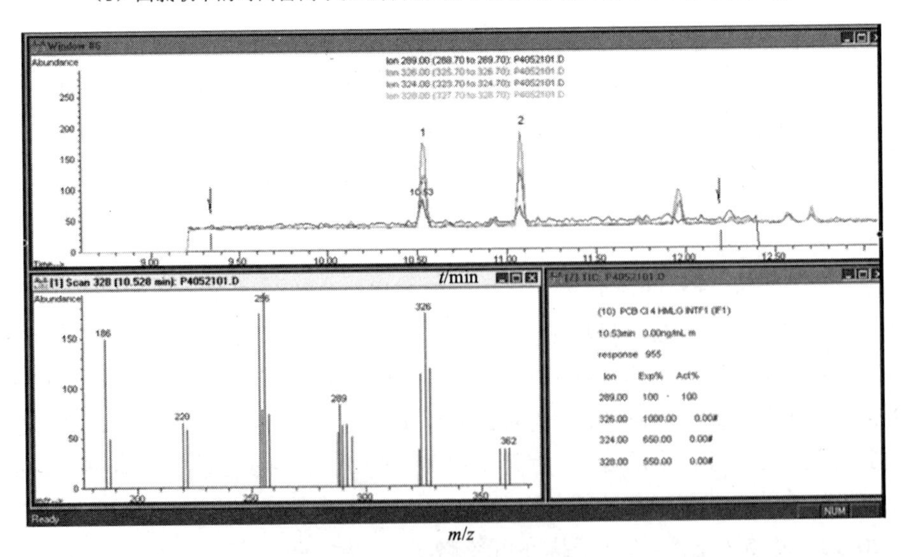

（2）来自五氯联苯对四氯联苯干扰的离子流组分图及其中保留时间为 10.528 min 的峰的质谱图

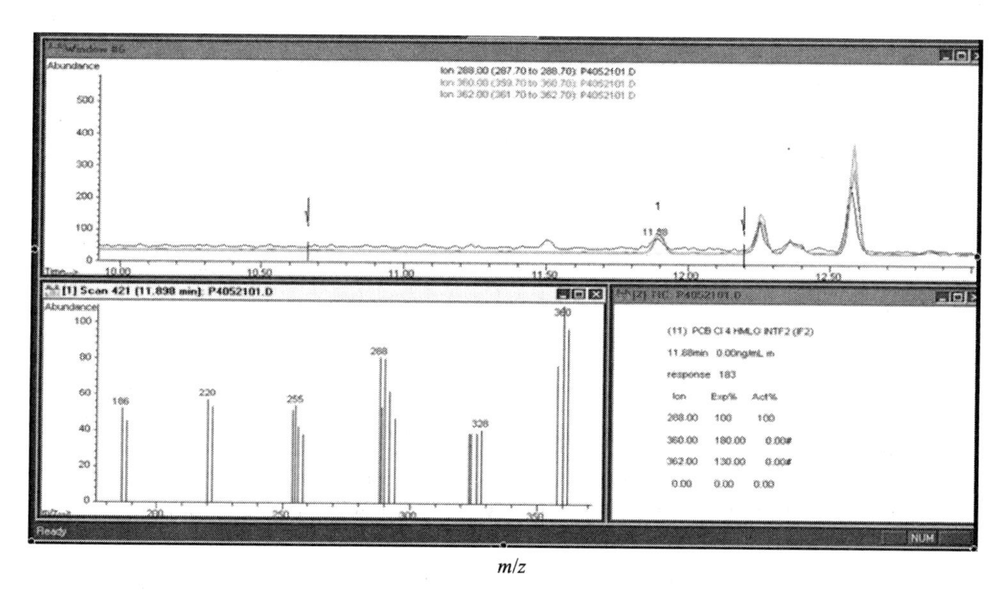

m/z

（3）来自六氯联苯对四氯联苯干扰的离子流组分图及其中保留时间为 11.898 min 的峰的质谱图

图 3-20　四氯联苯及其干扰物离子流组分图*

注：图 3-20 中（1）～（3）为图 3-19 中的分析数据。

应当指出，在此例中来自五氯联苯及六氯联苯对四氯联苯的干扰可以忽略，并不代表其他样品也会如此。虽然通常来自多一个氯原子的同氯异构体的干扰相对较小，但样品中来自多两个氯原子的同氯异构体对三氯、四氯、五氯及六氯同氯异构体的干扰却是较大的、常见的。

3.5.6　质量控制与质量保证

由于采用多组选择离子检测，气相色谱的稳定及质谱的稳定是保证数据质量的关键。为避免部分目标物漏检，气相色谱的保留时间必须稳定，峰形要尖锐，不得拖尾；而质谱仪稳定才能使目标物定性、定量准确。样品分析前要用 GC-MS 仪器性能检查混合标准溶液对色质谱性能进行检查，用时间窗混合标样检查时间窗，用校准用标准溶液对标准曲线进行验证，要检查 PCB87 与 PCB154 是否得到完全分离（图 3-18），全部合格后才能分析样品。样品分析结束后还要将每个样品的内标物保留时间与相关的后续标准曲线验证内标物的保留时间进行比较，其差别不得大于 10 s。

方法建立后要用校准用混合单体标样对方法的性能进行验证。表 3-39 是笔者实验室 PCB 同氯异构体水样分析方法检出限（MDL）数据，它实际上表明了此方法在低质量浓度时的准确度及精密度。表 3-40 为 PCB 同氯异构体实用定量检出限估计值。应当指出，所有这些有关灵敏度及精密度的数据都是基于校准用混合标样而得，是在每个同氯异构体只有一个单体的理想状态下的数据，这种理想数据对于只有一个单体的十氯联苯和只有 3 个单体的一氯联苯及九氯联苯是比较接近实际的，但对于其他多氯联苯，尤其是四氯联苯、五氯联苯和六氯联苯，它们各自包含的单体超过 40 个，与实际就相差很大了，这种差别还直接与具体样品中每个同氯异构体所含的单体数目有关。另外，需要说明的是，在离子化过程中多氯联苯分子离子的相对丰度随氯原子数增加而降低，使其定量离子在质谱仪上的响应值亦降低。按美国 EPA 标准方法 680，根据多氯联苯在 GC-MS 的检出灵敏度可将其分为：一氯联苯至三氯联苯，四氯联苯至六氯联苯，七氯联苯和八氯联苯，九氯联苯和十氯联苯四组。它们的实用定量检出限分别为 0.05 μg/mL，0.10 μg/mL，0.15 μg/mL 及 0.25 μg/mL（萃取液浓度）。笔者实验室因项目的特殊要求，尽量提升了检测灵敏度，尤其是高氯代联苯的检出灵敏度。为此在分析中除优化色谱条件外，还减少了选择检测的离子数目。总之，在讨论多氯联苯同氯异构体分析的检出限时一定要弄清是基于一个单体还是基于一组同氯异构体。

表 3-39　PCB 同氯异构体水样分析方法检出限（MDL）数据*

PCB 同氯异构体目标物	测定结果* 样品质量浓度/（ng/L） 样品号 1	2	3	4	5	6	7	样品平均质量浓度/（ng/L）	加入量/（ng/L）	回收萃取率/%	标准偏差/（ng/L）	相对标准偏差/%	MDL/（ng/L）
PCB28	10.85	12.01	12.07	11.93	11.64	12.5	11.52	11.79	10.0	118	0.52	4.4	1.6
PCB66	12.1	11.75	11.61	12.45	11.5	12.32	12.08	11.97	10.0	120	0.36	3.0	1.1
PCB81	11.4	10.74	10.82	11.26	11.67	11.47	10.85	11.17	10.0	112	0.37	3.3	1.2
PCB77	6.95	7.9	5.92	7.94	8.52	7.57	7.78	7.51	10.0	75	0.84	11.2	2.7
PCB123	7.14	8.5	7.08	7.97	8.79	9.23	7.89	8.09	10.0	81	0.81	10.0	2.5
PCB118	6.77	6.76	6.35	6.53	6.82	7.02	7.15	6.77	10.0	68	0.27	4.0	0.9
PCB114	6.89	5.8	5.92	6.72	6.93	6.96	6.23	6.49	10.0	65	0.50	7.7	1.6
PCB105	5.95	6.51	6.62	6.06	6.34	6.87	5.89	6.32	10.0	63	0.37	5.8	1.2
PCB126	NA	NA	NA	NA	NA	NA	NA	NA	NA	NA	NA	NA	NA
PCB167	5.11	6.51	6.02	4.28	6.04	5.56	5.57	5.58	10.0	56	0.73	13.0	2.3

* 水样 1 L，同氯异构体校正标样加入量 10 ng/L，摇瓶萃取，萃取后定容至 1 mL；
MDL = 3.14 × 标准偏差。

表 3-40 PCB 同氯异构体实用定量检出限估计值*

多氯联苯同氯异构体目标物	PQL		
	水样中质量浓度/（ng/L）	土样中质量浓度/（μg/kg）	生物样中质量浓度/（μg/kg）
PCB Cl1	10	0.1	1
PCB Cl2	10	0.1	1
PCB Cl3	10	0.1	1
PCB Cl4	10	0.1	1
PCB Cl5	10	0.1	1
PCB Cl6	10	0.1	1
PCB Cl7	10	0.1	1
PCB Cl8	10	0.1	1
PCB Cl9	10	0.1	1
PCB Cl10	10	0.1	1

* 水样 1 L，萃取液定容至 1 mL；土样 10 g，萃取液定容至 0.5 mL；生物样 1 g，萃取液定容至 0.5 mL。检测限是在一个多氯异构体只含一个单体的虚拟条件下的估计值。

上述的方法验证由于是用校准用单体混合标样进行，数据处理中并未涉及干扰物的修正。为进一步对方法进行评价，在进行样品分析前要用一种多氯联苯商品混合物（如 Aroclor1242）的 50 μg/mL 标准溶液（含内标物 1 μg/mL 及替代标准物 0.5 μg/mL）进样 1 μL 分析，计算各多氯联苯同氯异构体含量，将各同氯异构体相加，得到多氯联苯总量，将结果与标样已知浓度相比：若回收率超出 30%～200%，应找寻误差原因。通过对商品混合物标样的分析熟悉计算步骤，并可建立对新分析方法的信心。

样品制备时按每组样品（不多于 20）准备空白样及空白加标样，萃取前加入替代标准物，萃取液净化定容后加入内标物。空白样中不得检出高于定量检出限的多氯联苯同氯异构体目标物。为方便数据处理，实验室空白加标样品可加入标准曲线中点量的校准用混合单体，使各单体在萃取液中最终质量浓度为 0.5 μg/mL。分析结果各单体回收率应在 50%～140%。各样品中的替代标准物回收率，水样应在 40%～125%，土样应在 30%～130%。

参考文献

[1] 美国 EPA 标准分析方法 8270 气相色谱/质谱分析半挥发性有机物.

[2] 美国 EPA 标准分析方法 680 气相色谱/质谱测定水、土及底泥样中杀虫剂和多氯联苯.